国家高技能人才培训基地系列教材

可编程序控制器及应用

KEBIAN CHENGXU KONGZHIQI JI YINGYONG

主　编◎何　波　林秋娴

参　编◎林妙贞　黄思远　杨洪明　丘利丽

暨南大学出版社
JINAN UNIVERSITY PRESS

中国·广州

图书在版编目（CIP）数据

可编程序控制器及应用/何波，林秋娴主编．—广州：暨南大学出版社，2016.12
（国家高技能人才培训基地系列教材）
ISBN 978－7－5668－1940－6

Ⅰ．①可… Ⅱ．①何… ②林… Ⅲ．①可编程序控制器—高等职业教育—教材
Ⅳ．①TM571.61

中国版本图书馆 CIP 数据核字（2016）第 222180 号

可编程序控制器及应用
KEBIAN CHENGXU KONGZHIQI JI YINGYONG
主编：何 波 林秋娴

出 版 人： 徐义雄
责任编辑： 李倬吟
责任校对： 李林达
责任印制： 汤慧君 周一丹

出版发行： 暨南大学出版社（510630）
电 话： 总编室（8620）85221601
营销部（8620）85225284 85228291 85228292（邮购）
传 真：（8620）85221583（办公室） 85223774（营销部）
网 址： http://www.jnupress.com http://press.jnu.edu.cn
排 版： 广州市天河星辰文化发展部照排中心
印 刷： 深圳市新联美术印刷有限公司
开 本： 787mm×1092mm 1/16
印 张： 6.5
字 数： 140 千
版 次： 2016 年 12 月第 1 版
印 次： 2016 年 12 月第 1 次
定 价： 17.00 元

总 序

国家高技能人才培训基地项目，是适应国家、省、市产业升级和结构调整的社会经济转型需要，抓住现代制造业、现代服务业升级和繁荣文化艺术的历史机遇，积极开展社会职业培训和技术服务的一项国家级重点培养技能型人才项目。2014 年，广州市轻工技师学院正式启动国家高技能人才培训基地建设项目，此项目以机电一体化、数控技术应用、旅游与酒店管理、美术设计与制作 4 个重点建设专业为载体，构建完善的高技能人才培训体系，形成规模化培训示范效应，提炼培训基地建设工作经验。

教材的编写是高技能人才培训体系建设及开展培训的重点建设内容，本系列教材共 14 本，分别如下：

机电类：《电工电子技术》《可编程序控制系统设计师》《可编程序控制器及应用》《传感器、触摸屏与变频器应用》。

制造类：《加工中心三轴及多轴加工》《数控车床及车铣复合车削中心加工》《SolidWorks 2014 基础实例教程》《注射模具设计与制造》《机床维护与保养》。

商贸类：《初级调酒师》《插花技艺》《客房服务员（中级）》《餐厅服务员（高级）》。

艺术类：《广彩瓷工艺技法》。

本系列教材由广州市轻工技师学院一批专业水平高、社会培训经验丰富、课程研发能力强的骨干教师负责编写，并邀请企业、行业资深培训专家，院校专家进行专业评审。本系列教材的编写秉承学院“独具匠心”的校训精神、“崇匠务实，立心求真”的办学理念，依托校企合作平台，引入企业先进培训理念，组织骨干教师深入企业实地考察、访谈和调研，多次召开研讨会，对行业高技能人才培养模式、培养目标、职业能力和课程设置进行清晰定位，根据工作任务和工作过程设计学习情境，进行教材内容的编写，实现了培训内容与企业工作任务的对接，满足高技能人才培养、培训的需求。

本系列教材编写过程中，得到了企业、行业、院校专家的支持和指导，在此，表示衷心的感谢！教材中如有错漏之处，恳请读者指正，以便有机会修订时能进一步完善。

广州市轻工技师学院

国家高技能人才培训基地系列教材编委会

2016 年 10 月

前　言

由于可编程序控制器日益广泛的应用和它在工业自动化控制中的重要地位，目前 PLC 控制技术已经成为机电或电气专业人员必须掌握的一门技术。各职业院校也都开设了此门课程，但选用的教材多为先集中讲解理论再实训，这对巩固理论知识和提高实操技能有一定的局限性。因此，编者在结合前人成果的基础上编写这本教材，希望能够改善这一现状。

编者结合多年的 PLC 教学实践，精心挑选了工作任务，采用项目驱动，力求体现“学中做，做中学”的一体化教学特色，介绍了三菱 FX_{2N} 系列 PLC 的基本硬件软件知识、基本逻辑指令的应用、步进指令的应用、功能指令的应用。

本书每个项目都以工作页的形式，通过让学生明确任务、带着问题和任务去查找相关资料、组织分工、制订计划、实施计划、总结评价等环节，提高学生综合应用能力与实践技能。

本书由广州市轻工技师学院何波、林秋娴主编，林妙贞、黄思远、杨洪明、丘利丽参编。

由于编者水平有限，书中难免会有错误及不当之处，欢迎读者及同行对本书予以指正。

编　者

2016 年 10 月

目录

CONTENTS

模块 1

警示灯控制系统的搭建与调试

模块介绍

学习 PLC 之前，先要对 PLC 进行初步的认识。本模块是 PLC 的入门知识，帮助学生了解 PLC 的基本知识，包括结构组成、工作原理、分类等。

学习目标

（1）能列举 PLC 的产生过程、作用、结构及分类。

（2）能复述 PLC 的组成，硬件的结构、工作原理、工作方式。

（3）能概述 PLC 的输入、输出外部设备。

（4）能识读电气控制原理图。

（5）能选用合适的 PLC 组成控制系统。

（6）能够正确连接 PLC 的输入、输出外部设备。

（7）能设计两个按钮控制一个灯的亮灭。

（8）能撰写学习记录及小结。

模块 1 工作页

一、学习准备

1. 排队、分组

排队点名，分组坐好。

2. 整理仪表

检查工作服、工作帽穿戴情况。

3. 安全知识学习

接受老师的安全生产教育。

4. 领取资料

领取学材、设备使用手册等资料。

二、明确任务

1. 任务导入

在现代工业生产现场，为了防止意外事故发生，常需要在机电设备上设置各种标志，告诉人们设备处于何种状态，以引起人们的注意，保证设备和人身安全。警示灯就是一种可实时显示设备当前工作状况的装置。利用 PLC 为核心搭建好设备工作警示灯控制系统也就成为各种控制设备中的一项重要工作任务。

2. 明确任务：搭建警示灯控制系统

任务要求：

（1）小组讨论制订出警示灯控制系统的搭建与调试的方案，并对方案进行展示和说明，在点评后完善。

（2）根据修订的方案，通过小组合作，每位同学完成一个警示灯控制系统的安装与设计工作。

警示灯控制系统工作流程：

（1）设备通电，工作设备待机，红灯闪亮。

（2）按下启动按钮，设备运行，绿灯闪亮。

三、收集咨询

认真观察三菱 $FX_{2N}-48MR$ 型可编程逻辑控制器主机，完成下面的练习题。

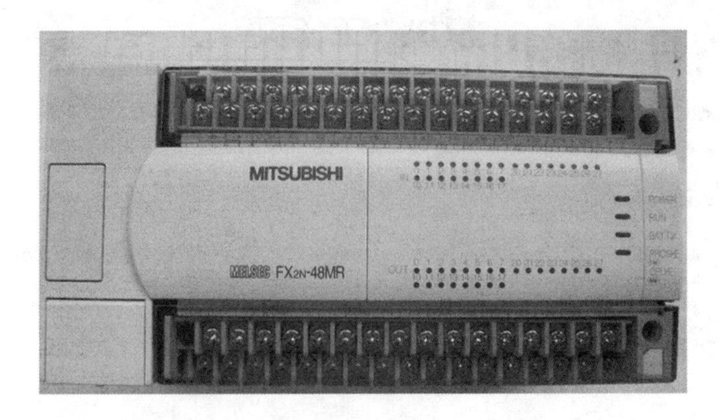

图 1－1　可编程逻辑控制器主机图

（1）对应图 1－2 认识输入接线端子。

⏚	●	COM	X0	X2	X4	X6	X10	X12	X14	X16	X20	X22	X24	X26	●
L	N	●	24+	X1	X3	X5	X7	X11	X13	X15	X17	X21	X23	X25	X27

图 1－2　PLC 输入接线端子图

（2）三菱 FX_{2N}－48MR 型 PLC 的输入端分别有：

（3）对应图 1－3 认识输出接线端子。

Y0	Y2	●	Y4	Y6	●	Y10	Y12	●	Y14	Y16	Y20	Y22	Y24	Y26	COM5
COM1	Y1	Y3	COM2	Y5	Y7	COM3	Y11	Y13	COM4	Y15	Y17	Y21	Y23	Y25	Y27

图 1－3　PLC 输出接线端子图

（4）三菱 FX_{2N}－48MR 型 PLC 的输出端分别有：

（5）对应图 1－4 认识 PLC 状态指示灯。

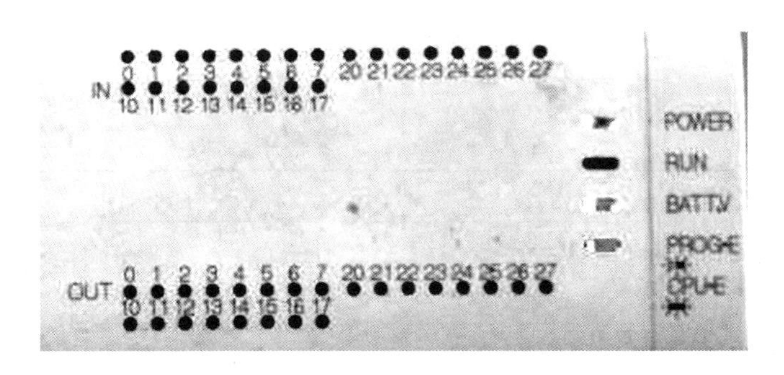

图 1－4　PLC 状态指示灯图

（6）三菱 FX_{2N}－48MR 型 PLC 状态指示灯的作用分别为：

POWER：

RUN：

BATT. V：

PROG. E：

CPU. E：

（7）对应图 1－5 认识 PLC 操作面板。

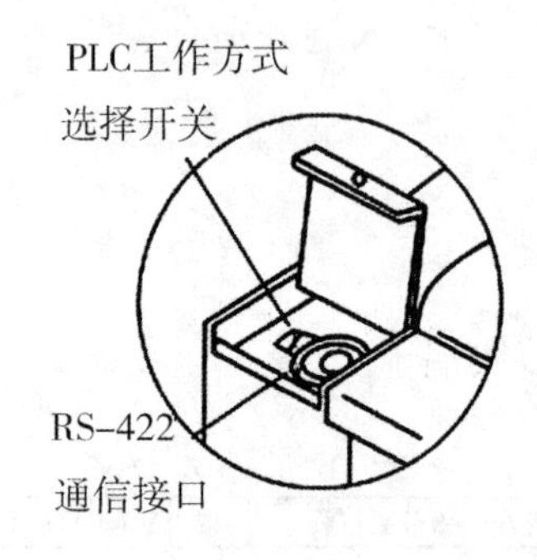

图 1－5　PLC 操作面板图

（8）手动选择开关和 RS－422 通信接口的作用：

RUN：

STOP：

RS－422 通信接口：

四、制订计划

（1）小组讨论，完成下面的工作计划表。

表 1－1　第________小组工作计划表

组长：____________组员：____________

工作步骤	内容	计划时间	实用时间	负责人
1	相关资料的查找			
2	I/O 分配表的绘制			
3	接线图的绘制			
4	梯形图的绘制			
5	系统编程			
6	实物接线			
7	制作成果展示 PPT			

（2）我的任务是：

具体计划如下：

五、任务实施

（1）我的任务完成情况：

（2）需要改进的地方：

（3）写出工作警示灯控制系统的 I/O 分配表。

表 1－2　工作警示灯控制系统的 I/O 分配表

输入		输出	

（4）画出实训台工作警示灯控制系统接线图。

（5）按要求编制控制程序并传送到 PLC。

（6）通电校验控制系统。

通电后设备警示灯红灯闪亮；按下启动按钮，警示灯绿灯闪亮，红灯熄灭。

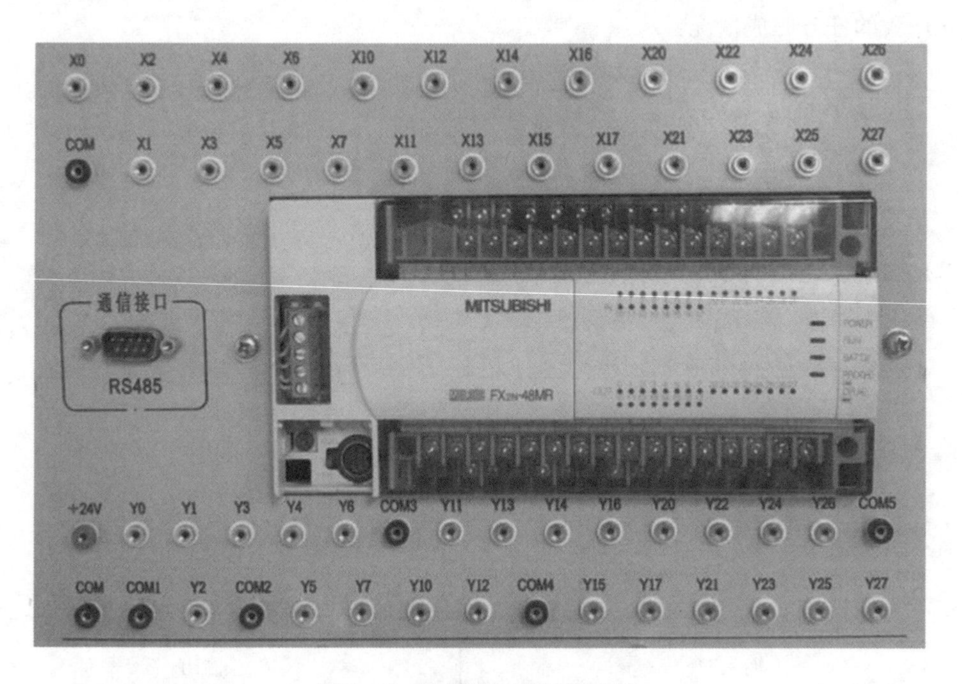

图 1－6　警示灯 PLC 控制面板

（7）我组的整体程序如下：

（8）我组整体调试情况：

六、评价反馈

（1）制作成果展示 PPT，进行成果展示。

（2）完成自我评价表、小组评价表。

表 1－3　自我评价表

项目内容	配分	评分标准	扣分	得分
1. PLC 的结构	20 分	（1）能列举 PLC 的结构 （2）能正确指出 PLC 的组成部分，漏一个扣 2～4 分		
2. 描述 PLC 的工作过程	20 分	（1）能描述 PLC 的工作过程 （2）描述少一个阶段扣 5～10 分		
3. 系统接线电路图正确接线	20 分	（1）不会绘制，每个扣 5～10 分 （2）不能达到要求，每处扣 3～5 分		
4. 调试警示灯控制系统	20 分	（1）能正确输入并调试，得满分 （2）操作失误或不能按要求运行，每处扣 3～5 分		
5. 安全、文明操作	20 分	（1）违反操作规程，产生不安全因素，酌情扣 7～10 分 （2）着装不规范，酌情扣 3～5 分 （3）迟到、早退、工作场地不干净，每次扣 1～2 分		
总评分 =（1～5 项总分）×40%				

签名：＿＿＿＿＿＿　＿＿＿＿年＿＿＿＿月＿＿＿＿日

表 1-4　小组评价表

项目内容	配分	评分
1. 实训记录与自我评价情况	20 分	
2. 对实训室规章制度的学习与掌握情况	20 分	
3. 相互帮助与协作能力	20 分	
4. 安全、质量意识与责任心	20 分	
5. 能否主动参与整理工具、器材与打扫场地	20 分	
总评分 =（1~5 项总分）×30%		

参加评价人员签名：____________ ________年________月________日

表 1-5　教师评价表

教师总体评价意见：	
教师评分（30 分）	
总评分 = 自我评分 + 小组评分 + 教师评分	

教师签名：____________ ________年________月________日

（3）自我总结：

七、模块拓展

在本模块基础上，实现两地控制一个灯的亮灭，请修改程序达到本任务要求。

任务1 PLC 硬件基本知识

一、基本概念

可编程序逻辑控制器（Programmable Logic Controller），简称 PC。为了与个人计算机的 PC 相区别，用 PLC 表示。

PLC 是在传统的顺序控制器的基础上引入了微电子技术、计算机技术、自动控制技术和通信技术而形成的一代新型工业控制装置，目的是用来取代继电器、执行逻辑、计时、计数等顺序控制功能，建立柔性的程控系统。国际电工委员会（IEC）颁布了对 PLC 的规定：可编程序控制器是一种数字运算操作的电子系统，专为在工业环境下应用而设计。它采用可编程序的存储器，用来在其内部存储与执行逻辑运算、顺序控制、定时、计数和算术运算等操作的指令，并通过数字的、模拟的输入和输出，控制各种类型的机械或生产过程。可编程序控制器及其有关设备都应按易于与工业控制系统形成一个整体、易于扩充其功能的原则设计。

PLC 具有通用性强、使用方便、适应面广、可靠性高、抗干扰能力强、编程简单等特点。可以预料，在工业控制领域中，PLC 控制技术的应用必将形成世界潮流。

PLC 程序既有生产厂家的系统程序，又有用户自己开发的应用程序，系统程序提供运行平台，同时还为 PLC 程序可靠运行及信息与信息转换进行必要的公共处理。用户程序由用户按控制要求设计。

二、可编程序逻辑控制器的特点及分类

（一）PLC 的特点

PLC 是传统的继电器技术和计算机技术相结合的产物，所以在工业控制方面，它具有继电器或通用计算机无法比拟的特点。

1. 高可靠性

PLC 的高可靠性主要表现在硬件和软件两个方面。

（1）硬件方面：由于采用性能优良的开关电源，并且对选用的器件进行严格的筛选，加上合理的系统结构，最后加固、简化安装，因此 PLC 具有很强的抗振动冲击性能；无触点的半导体电路来完成大量的开关动作，就不会出现继电器系统中的器件老化、脱焊、触

点电弧等问题；所有的输入/输出接口都采用光电隔离措施，能有效地隔离外部电路和PLC内部电路；PLC模块式的结构可以在其中一个模块出现故障时迅速地判断出故障的模块并进行更换，这样就能尽量缩短系统的维修时间。

（2）软件方面：PLC的监控定时器可用于监视执行用户程序的专用运行处理器的延迟，保证在程序出现错误和程序调试时，避免因程序错误而出现死循环；当CPU、电池、I/O接口、通信等出现异常时，PLC的自诊断功能可以检测到这些错误，并采取相应的措施，以防止故障扩大；停电时，电池和正常工作时一样，进行对用户程序及动态数据的保护，确保信息不丢失。

2. 应用灵活、使用方便

模块化的PLC设计，使用户能根据自己系统的大小、工艺流程和控制的要求等来选择自己所需要的PLC模块并进行资源配置和PLC编程。这样，控制系统就不需要大量的硬件装置，用户只需根据控制需要设计PLC的硬件配置和I/O的外部接线即可。

3. 面向控制过程的编程语言，容易掌握

PLC的编程语言采用继电器控制电路的梯形图语言，清晰直观。虽然PLC是以微处理器为核心的控制装置，但是它不需要用户有很强的程序设计能力，只需用户具备一定的计算机软、硬件知识和电器控制方面的知识即可。

（二）PLC的分类

1. 小型PLC

输入/输出点数在256点以下的PLC称为小型PLC。其特点是体积小、结构紧凑，它可以执行数据处理和传送、通信联网以及各种应用指令。

2. 中型PLC

输入/输出点数在256～1 024点的PLC称为中型PLC。它除了具有小型机所能实现的功能外，还具有更强大的网络通信功能、更丰富的指令系统、更大的内存容量和更快的扫描速度。

3. 大型PLC

输入/输出点数大于1 024点的PLC称为大型PLC。它具有强大的软件硬件功能、自诊断功能、通信联网功能，它可以构成三级通信网，实现工厂生产管理自动化。另外大型PLC还可以采用三CPU构成表决式系统，使机器具有更高的可靠性。

三、可编程序逻辑控制器的一般结构

PLC主要由中央处理单元CPU、存储器、输入/输出接口单元、电源、PLC的外部设备、特殊功能单元组成。

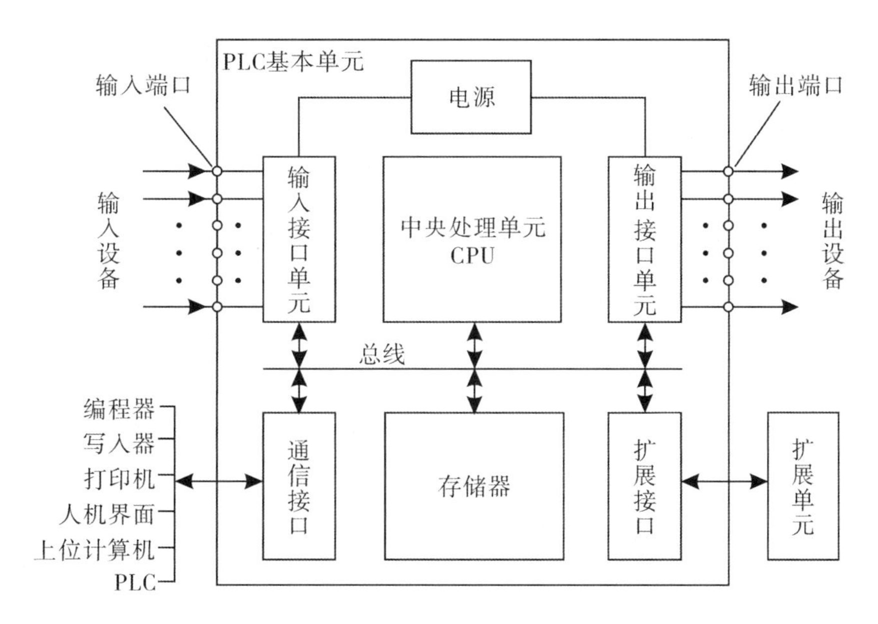

图1－7　PLC结构示意图

1. 中央处理单元CPU

CPU是PLC的核心，起神经中枢的作用，每台PLC至少有一个CPU，它按PLC的系统程序赋予的功能接收并存储用户程序和数据，用扫描的方式采集由现场输入装置送来的状态或数据，并存入规定的寄存器中。同时对电源和PLC内部电路的工作状态和编程过程中的语法错误等进行诊断。进入运行后，从用户程序存储器中逐条读取指令，经分析后再按指令规定的任务产生相应的控制信号，去指挥有关的控制电路。

与通用计算机一样，它主要由运算器、控制器、寄存器及实现它们之间联系的数据、控制及状态总线构成，同时还具有外围芯片、总线接口及有关电路。它确定了进行控制的规模、工作速度、内存容量等。内存主要用于存储程序及数据，是PLC不可缺少的组成单元。

CPU的控制器控制CPU工作，由它读取指令、解释指令及执行指令。但工作节奏由震荡信号控制。

CPU的运算器用于进行数字或逻辑运算，在控制器指挥下工作。

CPU的寄存器参与运算，并存储运算的中间结果，它也是在控制器指挥下工作。

CPU虽然划分为以上几个部分，但PLC中的CPU芯片实际上就是微处理器，由于电路的高度集成，对CPU内部的详细分析已无必要，我们只要弄清它在PLC中的功能与性能，能正确地使用它就够了。

CPU 模块的外部表现就是它的工作状态的种种显示、种种接口及设定或控制开关。一般来讲，CPU 模块总要有相应的状态指示灯，如电源显示、运行显示、故障显示等。箱体式 PLC 的主箱体也有这些显示。它的总线接口，用于接 I/O 模板或底板；有内存接口，用于安装内存；有外设口，用于接外部设备；有的还有通信口，用于进行通信。CPU 模块上还有许多设定开关，用以对 PLC 进行设定，如设定起始工作方式、内存区等。

2. 存储器

根据存储器存储内容的不同，我们把存储器分为系统程序存储器、用户程序存储器和数据存储器。

（1）系统程序存储器：用来存入软件的存储器。系统程序相当于计算机操作系统，是 PLC 厂家根据选用的 CPU 的指令系统编写的，并固化到 ROM 里，用户不能修改其内容。

（2）用户程序存储器：用来存放用户根据控制要求编制的程序。不同类型的 PLC，其存储容量也不一样。

（3）数据存储器：用以存放 PLC 运行中的各种数据的存储器。因为运行中数据不断变化，所以这种存储器必须可读写。

3. 输入/输出接口单元

PLC 的对外功能，主要是通过各种 I/O 接口模块与外界联系的，按 I/O 点数确定模块规格及数量，I/O 模块可多可少，但其最大数受 CPU 所能管理的基本配置的能力，即最大的底板或机架槽数限制。I/O 模块集成了 PLC 的 I/O 电路，其输入暂存器反映输入信号状态，输出点反映输出锁存器状态。

4. 电源部分

不同型号的 PLC 有不同的供电方式，有些 PLC 中的电源是与 CPU 模块合二为一的，有些是分开的，其主要用途是为 PLC 各模块的集成电路提供工作电源。同时，有的还为输入电路提供 24V 的工作电源。电源以其输入类型可分为：交流电源，加的是交流 220VAC 或 110VAC；直流电源，加的是直流电压，常用的为 24V。

5. PLC 的外部设备

外部设备是 PLC 系统不可分割的一部分，它有四大类。

（1）编程设备：有简易编程器和智能图形编程器，用于编程、对系统进行一些设定、监控 PLC 及 PLC 所控制的系统的工作状况。编程器是 PLC 开发应用、监测运行、检查维护不可缺少的器件，但它不直接参与现场控制运行。

（2）监控设备：有数据监视器和图形监视器。直接监视数据或通过画面监视数据。

（3）存储设备：有存储卡、存储磁带、软磁盘或只读存储器，用于永久性地存储用户数据，确保用户程序不丢失，如 EPROM、EEPROM 写入器等。

（4）输入/输出设备：用于接收信号或输出信号，一般有条码读入器、输入模拟量的电位器、打印机等。

6. 特殊功能单元

主要包括模拟量输入/输出单元、远程 I/O 模块、通信模块、高速计数模块、中断输入模块和 PID 调解模块等。随着 PLC 的进一步发展，特殊功能单元的应用也越来越多。

四、PLC 的模块介绍

1. CPU 模块

CPU 模块是 PLC 控制系统的核心，它控制着整个 PLC 控制系统的有序运行。PLC 控制系统中，PLC 程序的输入和执行、PLC 之间或 PLC 与上机之间的通信、接收现场设备的状态和数据都离不开该模块。CPU 模块还可以进行自我诊断，即当电源、存储器、输入/输出端子、通信等出故障时，它可以给出相应的指示或做出相应的动作。

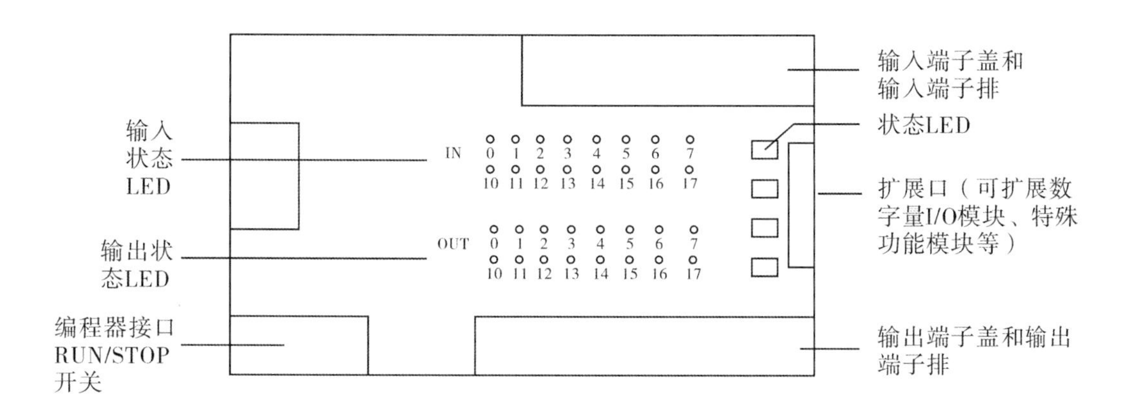

图 1-8　三菱 FX_{2N}的 CPU 模块面板示意图

三菱 FX_{2N}包括多种型号的 CPU 模块，它们的主要性能指标除了在外形尺寸和本机自带 I/O 点数上有些不同外，其他性能基本相同，如表 1-6 所示。

表 1-6　三菱 FX_{2N}的 CPU 模块主要性能指标

项目	性能指标
程序存储器容量	8 000 步内置，使用附加存储器盒可扩展到 16 000 步
I/O 点数	256 点
内部继电器	3 072 点
定时器	256 点
一般计数器	235 点

（续上表）

项目	性能指标
指令数目	基本顺序指令：27 种 步进梯形指令：2 种 应用指令：28 种
指令处理速度	基本指令：0.08μs/指令 应用指令：1.52 至几百 μs/指令

2. 切换开关

PLC 的方式开关有两种，其中一种是 RUN/STOP 开关，它只有 RUN 和 STOP 两种方式，如图 1－9 所示。三菱 FX_{2N}的 CPU 的方式切换开关属于这一种。

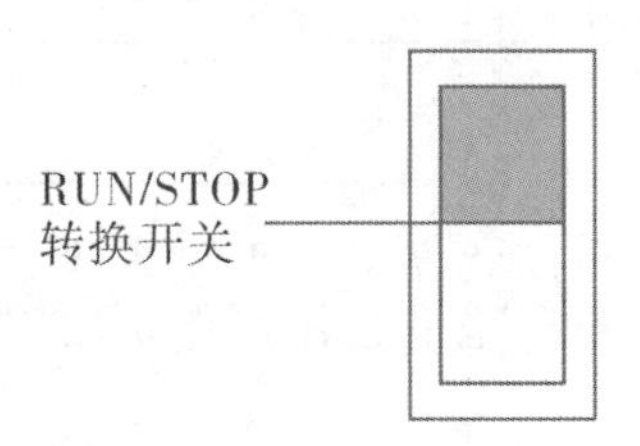

图 1－9 RUN/STOP 开关

（1）RUN 方式。

将 CPU 面板上的钥匙开关转到 RUN 位置，则强制性地实行 RUN，进行 I/O 扫描并将程序的执行结果输出。如果程序上有错误，则不实行 RUN。在该方式时，通过编程器或通信上的程序指令无效。

（2）STOP 方式。

将 CPU 面板上的钥匙开关转到 STOP 位置，则强制性地进入 STOP 方式，全部 OFF。在该方式时，通过编程器或通信上的程序指令无效。

3. 指示灯

CPU 模块面板有一些指示灯，其作用分别如下：

POWER：PLC 电源指示。

RUN：PLC 运行指示。

BATT. V：电池电量不足时灯亮。

PROG. E：程序出错时灯闪。

CPU. E：CPU 出错时灯亮。

不同的可编程序控制器 CPU 模块的指示灯的数量不同，指示功能也不同，以上只是对一些常用的指示灯进行简单的介绍。

五、可编程序逻辑控制器的基本工作原理

PLC 的工作原理与继电器构成的控制装置一样，但是工作方式不太一样。继电器控制是并行运行方式，即如果输出线圈通电或断电，该线圈的触点立即动作。而 PLC 则不同，它采用循环扫描技术，只有该线圈通电或断电，并且必须当程序扫描到该线圈时，该线圈触点才会有动作；也可以说继电器控制装置是根据输入和逻辑控制结构就可以直接得到输出，而 PLC 控制则需要输入采样、程序执行、输出刷新三个阶段才能完成控制过程。

（一）循环扫描技术

PLC 采用的循环扫描技术可以分为三个阶段，即输入采样阶段（将外部输入信号的状态传送到 PLC）、程序执行阶段和输出刷新阶段（将输出信号传送到外部设备）。扫描过程如图 1－10 所示。

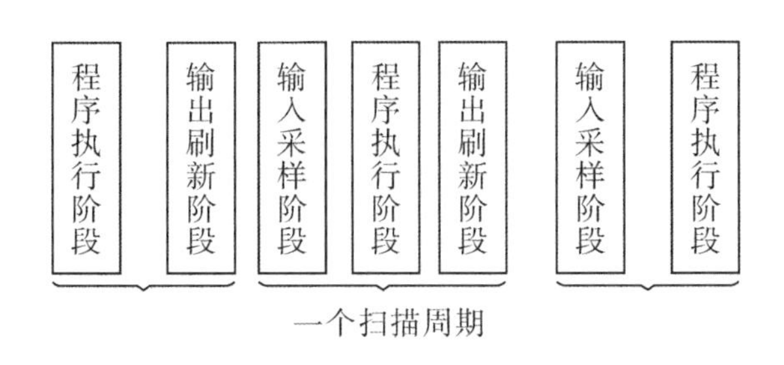

图 1－10　扫描过程

1. 输入采样阶段

在这个阶段中，PLC 读取输入信号的状态和数据，并把它们存入相应的输入存储单元。

2. 程序执行阶段

在这个阶段中，PLC 按照由上到下的次序逐步执行程序指令。从相应的输入存储单元读入信号的状态和数据，然后根据程序内部继电器、定时器、计数器、数据存储器的状态和数据进行逻辑运算，得到运算结果，并将这些结果存入相应的输出存储器单元。这一阶段执行完后，进入输出阶段。在这个程序执行中，输入信号的状态和数据保持不变。

3. 输出刷新阶段

在这个阶段中，PLC 将相应的输出存储单元的运算结果传送到输出模块上，并通过输出模块向外部设备传送输出信号，开始控制外部设备。

（二）PLC 的输入/输出响应时间

输入/输出响应时间是指某一输入信号从变化开始到系统相关输出端信号的改变所需要的时间。因为 PLC 的循环扫描工作方式，所以收到输入信号的时刻不同，响应时间的长短也不同。下面就给出了最短和最长响应时间。

（1）最短响应时间：一个扫描周期刚结束就收到输入信号，即收到这个输入信号与开始下一个扫描周期同时，这样的响应时间最短。考虑到输入电路和输出电路的延时，所以最短响应时间应大于一个扫描周期。最短响应时间如图 1－11 所示。

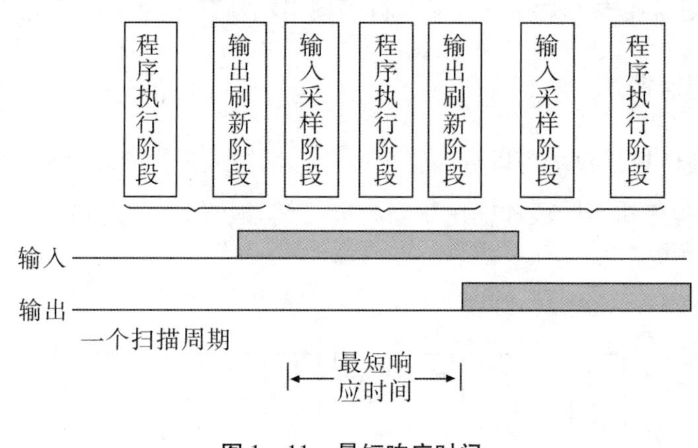

图 1－11　最短响应时间

（2）最长响应时间：在一个扫描周期完成输入读取后才接到输入信号，这样这个输入信号在该扫描周期将不会发生变化，要等到下个扫描周期才能得到响应。这时响应时间最长，如图 1－12 所示。

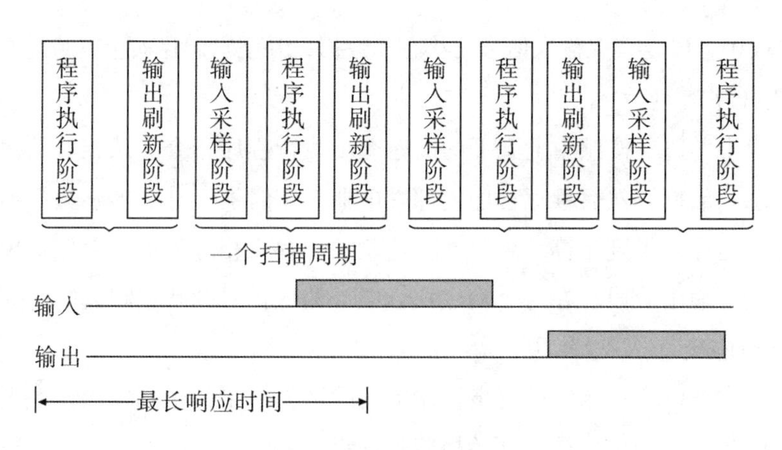

图 1－12　最长响应时间

六、输入设备——控制按钮介绍

控制按钮是主令电器中的一种，其主要作用是发号施令，一般用红色按钮对设备进行停止控制，绿色按钮则用来启动设备。此任务用到的按钮如图 1－13 所示。

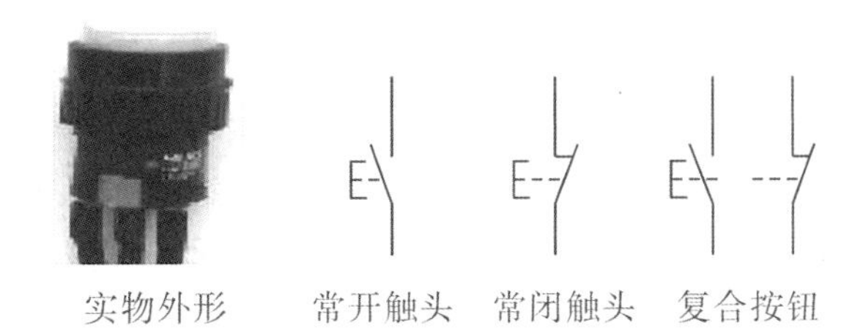

图 1－13　控制按钮实物及原理符号图

七、输出设备——警示灯介绍

警示灯有很多种，按颜色分类，有红色、绿色、黄色和多色等；按警示灯发光的情况分类，有闪亮型和长亮型。此处使用的警示灯为 LTA－205 型红绿双色闪亮灯，工作电压为 DC24V，功率为 2W，警示灯共有引出线五根，其中并在一起的两根粗线是电源线（红色线接“+24”，黑色线接“GND”），其余三根是信号控制线（棕色线为控制信号公共端，如果将控制信号线中的红色线和棕色线接通，则红灯闪烁，将控制信号线中的绿色线和棕色线接通，则绿灯闪烁）。警示灯内部电路如图 1－14 所示。

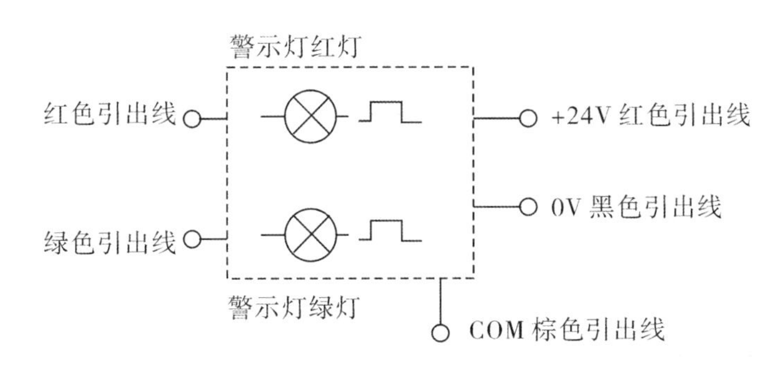

图 1－14　警示灯内部电路

任务 2 PLC 软件基本知识

一、PLC 的软件系统

PLC 的软件由系统程序和用户程序组成。

系统程序是由 PLC 制造厂商设计编写，并存入 PLC 的系统存储器中的，用户不能直接读写与更改。系统程序一般包括系统诊断程序、输入处理程序、编译程序、信息传送程序、监控程序等。

PLC 的用户程序是用户利用 PLC 的编程语言，根据控制要求编制的程序。在 PLC 的应用中，最重要的是用 PLC 的编程语言来编写用户程序，以实现控制目的。由于 PLC 是专门为工业控制而开发的装置，其主要使用者是广大电气技术人员。为了满足他们的传统习惯和掌握能力，PLC 的主要编程语言采用比计算机语言相对简单、易懂、形象的专用语言。

PLC 编程语言是多种多样的，对于不同生产厂家、不同系列的 PLC 产品采用的编程语言的表达方式也不相同，但基本上可归纳为两种类型：一是采用字符表达方式的编程语言，如语句表等；二是采用图形符号表达方式的编程语言，如梯形图等。

下面简要介绍几种常见的 PLC 编程语言。

1. 梯形图语言

梯形图语言是在传统电气控制系统中常用的接触器、继电器等图形表达符号的基础上演变而来的。它与电气控制线路图相似，继承了传统电气控制逻辑中使用的框架结构、逻辑运算方式和输入/输出形式，具有形象、直观、实用的特点。因此，这种编程语言为广大电气技术人员所熟知，是应用最广泛的 PLC 的编程语言，是 PLC 的第一编程语言。

PLC 梯形图和传统的电气控制线路图，如图 1－15 所示。

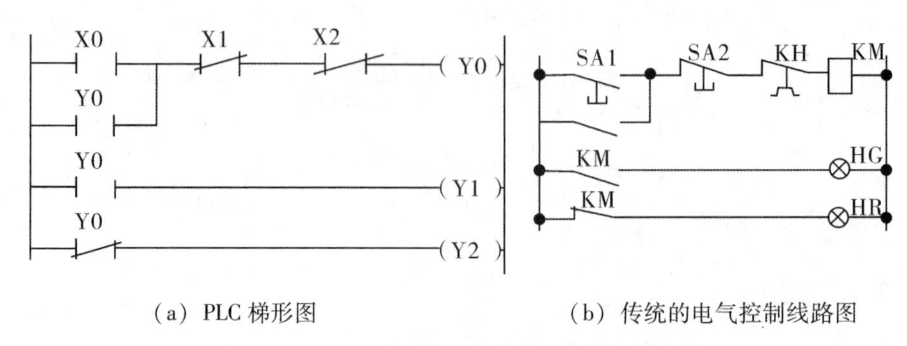

（a）PLC 梯形图　　（b）传统的电气控制线路图

图 1－15　PLC 梯形图与传统的电气控制线路图

从图1－15可看出，两种图基本表示的思想是一致的，只是具体表达方式有一定的区别。PLC的梯形图使用的是内部继电器、定时器、计数器等，都是由软件来实现的，使用方便，修改灵活，是原电气控制线路硬接线无法比拟的。

2. 语句表语言

这种编程语言是一种与汇编语言类似的助记符编程表达方式。在PLC应用中，经常采用简易编程器，而这种编程器中没有CRT屏幕显示，或没有较大的液晶屏幕显示。因此，就用一系列由PLC操作命令组成的语句表将梯形图描述出来，再通过简易编程器输入PLC中。虽然各个PLC生产厂家的语句表形式不尽相同，但基本功能相差无几。以下是与图1－15中梯形图对应的（FX系列PLC）语句表程序。

步序号	指令	数据
0	LD	X0
1	OR	Y0
2	ANI	X1
3	ANI	X2
4	OUT	Y0
5	LD	Y0
6	OUT	Y1
7	LDI	Y0
8	OUT	Y2

图1－16　语句表程序

可以看出，语句是语句表程序的基本单元，每个语句和微机一样也由地址（步序号）、操作码（指令）和操作数（数据）三部分组成。

3. 逻辑图语言

逻辑图是一种类似于数字逻辑电路结构的编程语言，由与门、或门、非门、定时器、计数器、触发器等逻辑符号组成。有数字电路基础的电气技术人员较容易掌握，如图1－17所示。

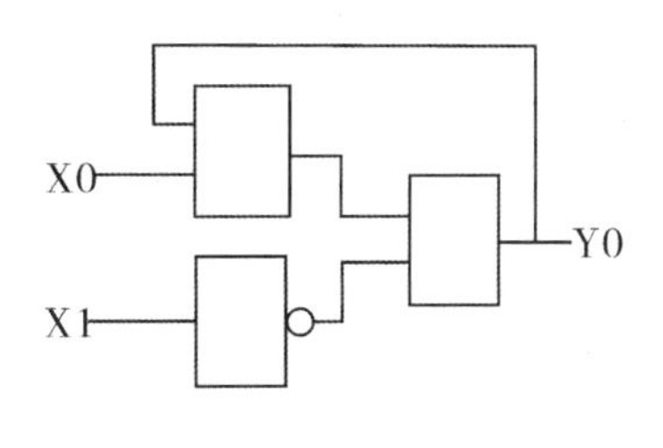

图1－17　逻辑图

4. 功能表图语言

功能表图语言（SFC 语言）是一种较新的编程方法，又称状态转移图语言。它将一个完整的控制过程分为若干阶段，各阶段具有不同的动作，阶段间有一定的转换条件，转换条件满足就实现阶段转移，上一阶段动作结束，下一阶段动作开始，是用功能表图的方式来表达一个控制过程，对于顺序控制系统特别适用。

5. 高级语言

随着 PLC 技术的发展，PLC 的运算、数据处理及通信等功能要求提高，以上编程语言无法很好地满足要求。近年来推出的 PLC，尤其是大型 PLC，都可用高级语言，如 BASIC 语言、C 语言、PASCAL 语言等进行编程。采用高级语言后，用户可以像使用普通微型计算机一样操作 PLC，使 PLC 的各种功能得到更好的发挥。

二、认识 GX Developer 编程软件

（一）软件概述

GX Developer 是三菱通用性较强的编程软件，它能够完成 Q 系列、QnA 系列、A 系列（包括运动控制 SCPU）、FX 系列 PLC 梯形图、指令表、SFC 等的编辑。该编程软件能够将编辑的程序转换成 GPPQ、GPPA 格式的文档，当选择 FX 系列时，还能将程序存储为 FXGP（DOS）、FXGP（WIN）格式的文档，以实现与 FX - GP/WIN - C 软件的文件互换。该编程软件能够将 Excel、Word 等软件编辑的说明性文字、数据，通过复制、粘贴等简单操作导入程序中，使软件的使用、程序的编辑更加便捷。

此外，GX Developer 编程软件还具有以下特点。

1. 操作简便

（1）标号编程。用标号编程制作程序的话，就不需要认识软元件的号码而能够根据标示制作成标准程序。用标号编程制作的程序能够依据汇编从而作为实际的程序来使用。

（2）功能块。功能块是以提高顺序程序的开发效率为目的而开发的一种功能。把开发顺序程序时反复使用的顺序程序回路块零件化，使顺序程序的开发变得容易。此外，零件化能够防止将顺序程序回路块运用到别的顺序程序使得顺序输入错误。

（3）宏。只要在任意的回路模式上加上名字（宏定义名）登录（宏登录）到文档，然后输入简单的命令，就能够读出登录过的回路模式，变更软元件就能够灵活利用了。

2. 能够用各种方法和可编程序控制器 CPU 连接

（1）经由串行通信口与可编程序控制器 CPU 连接。

（2）经由 USB 接口与可编程序控制器 CPU 连接。

（3）经由 MELSEC NET/10（H）与可编程序控制器 CPU 连接。

（4）经由 MELSEC NET（II）与可编程序控制器 CPU 连接。

（5）经由 CC－Link 与可编程序控制器 CPU 连接。

（6）经由 Ethernet 与可编程序控制器 CPU 连接。

（7）经由计算机接口与可编程序控制器 CPU 连接。

3. 丰富的调试功能

（1）由于运用了梯形图逻辑测试功能，能够更加简单地进行调试作业。通过该软件可进行模拟在线调试，不需要与可编程序控制器连接。

（2）帮助菜单中有 CPU 出错信息、特殊继电器/特殊寄存器的说明等内容，所以在在线调试过程中发生错误，或者程序编辑中想知道特殊继电器/特殊寄存器的内容的情况下，通过帮助菜单可非常简便地查询到相关信息。

（3）程序编辑过程中发生错误时，软件会提示错误信息或错误原因，因此能大幅度缩短程序编辑的时间。

（二）GX Developer 与 FX 的区别

这里主要就 GX Developer 编程软件和 FX 专用编程软件操作使用的不同进行简单说明。

1. 软件适用范围不同

FX－GP/WIN－C 编程软件为 FX 系列可编程序控制器的专用编程软件，而 GX Developer 编程软件适用于 Q 系列、QnA 系列、A 系列（包括运动控制 SCPU）、FX 系列所有类型的可编程序控制器。需要注意的是，使用 FX－GP/WIN－C 编程软件编辑的程序是能够在 GX Developer 中运行，但是使用 GX Developer 编程软件编辑的程序并不一定能在 FX－GP/WIN－C 编程软件中打开。

2. 操作运行不同

（1）步进梯形图命令（STL、RET）的表示方法不同。

（2）GX Developer 编程软件编辑中新增加了监视功能。监视功能包括回路监视、软元件同时监视、软元件登录监视机能。

（3）GX Developer 编程软件编辑中新增加了诊断功能，如可编程序控制器 CPU 诊断、网络诊断、CC－Link 诊断等。

（4）FX－GP/WIN－C 编程软件中没有 END 命令，程序依然可以正常运行，而 GX Developer 需要在程序中强制插入 END 命令，否则不能运行。

（三）操作界面

图 1－18 所示为 GX Developer 编程软件的操作界面，该操作界面大致由下拉菜单、工

具条、编辑区、工程参数列表、状态栏等部分组成。这里需要特别注意的是，在 FX－GP/WIN－C 编程软件里称编辑的程序为文件，而在 GX Developer 编程软件中称为工程。

与 FX－GP/WIN－C 编程软件的操作界面相比，该软件取消了功能图、功能键，并将这两部分内容合并，作为梯形图标记工具条；新增了工程参数列表、数据切换工具条、注释工具条等。这样友好的直观的操作界面使操作更加简便。

图 1－18 中引出线所示的名称、内容说明如表 1－7 所示。

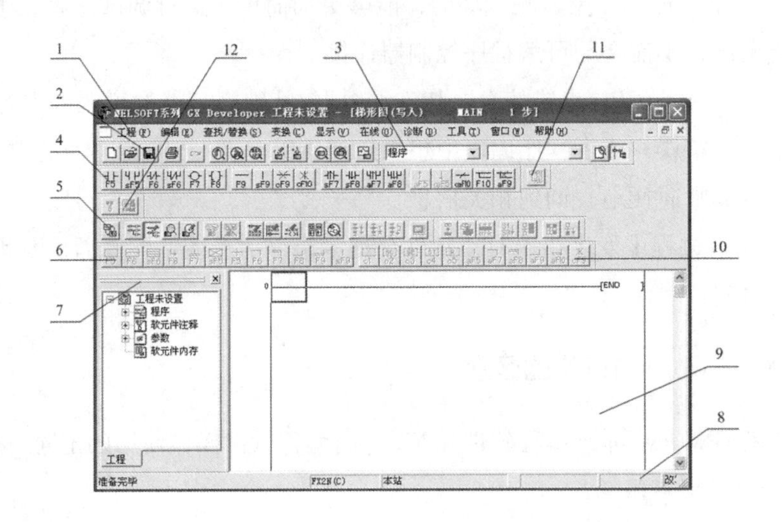

图 1－18　GX Developer 编程软件操作界面图

表 1－7　GX Developer 编程软件操作界面说明

序号	名称	内容
1	下拉菜单	包含工程、编辑、查找/替换、变换、显示、在线、诊断、工具、窗口、帮助，共 10 个菜单
2	标准工具条	由工程菜单、编辑菜单、查找/替换菜单、在线菜单、工具菜单中常用的功能组成
3	数据切换工具条	可在程序菜单、参数、注释、编程元件内存这四个项目中切换
4	梯形图标记工具条	包含梯形图编辑所需要使用的常开触点、常闭触点、应用指令等内容
5	程序工具条	可进行梯形图模式、指令表模式的转换；进行读出模式、写入模式、监视模式、监视写入模式的转换
6	SFC 工具条	可对 SFC 程序进行块变换、块信息设置、排序、块监视操作
7	工程参数列表	显示程序、软元件注释、参数、软元件内存等内容，可实现这些项目的数据的设定
8	状态栏	提示当前的操作：显示 PLC 类型及当前操作状态等

（续上表）

序号	名称	内容
9	操作编辑区	完成程序的编辑、修改、监控等的区域
10	SFC 符号工具条	包含 SFC 程序编辑所需要使用的步、块启动步、选择合并、平行等功能键
11	编程元件内存工具条	进行编程元件的内存的设置
12	注释工具条	可进行注释范围设置或对公共/各程序的注释进行设置

三、GX Developer 编程软件的使用

（1）打开软件 GX Developer，打开后如图 1－19 所示。

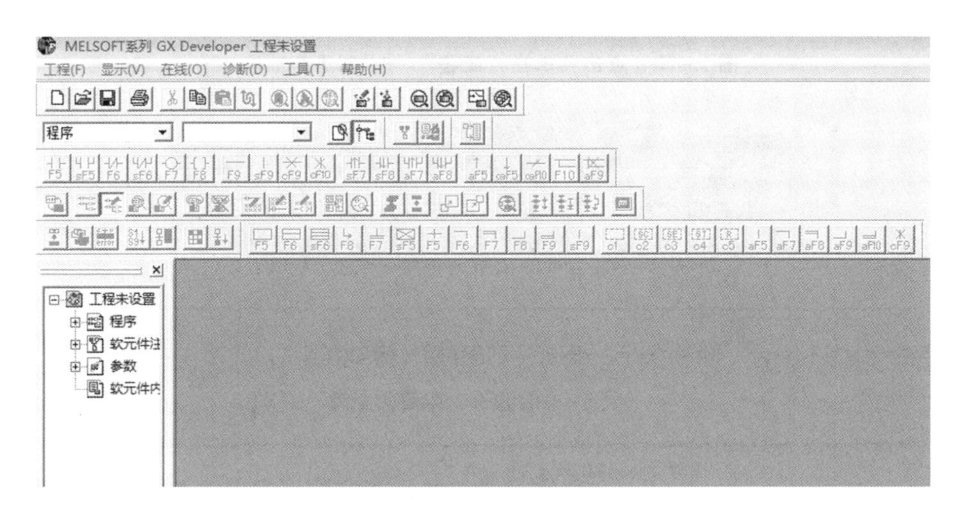

图 1－19　打开软件 GX Developer

（2）点击菜单栏中“工程”—“创建新工程”，会弹出“创建新工程”的窗口，可以选择 PLC 类型、程序类型和设定工程名。本教材选择的是 FX 系列的 FX_{2N}。点击“确定”，就回到主窗口中，开始编写梯形图程序。如图 1－20、图 1－21 所示。

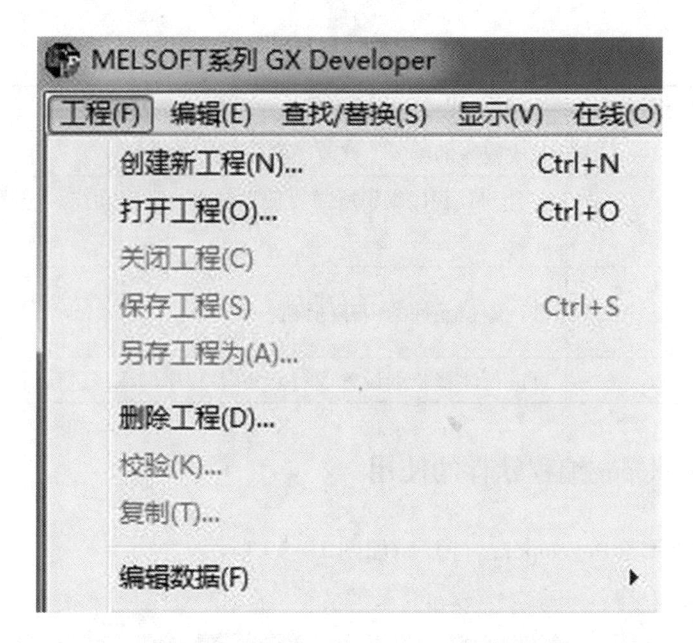

图 1－20　点击菜单栏“工程”—“创建新工程”

图 1－21　弹出“创建新工程”窗口

（3）接下来就可以开始编写 PLC 梯形图程序了。我们可以在工具栏中找到相应的输入/输出等符号，点击就可以添加到程序编辑器中，也可以在编辑器中双击左键，输入相应的符号，如图 1－22、图 1－23 所示。

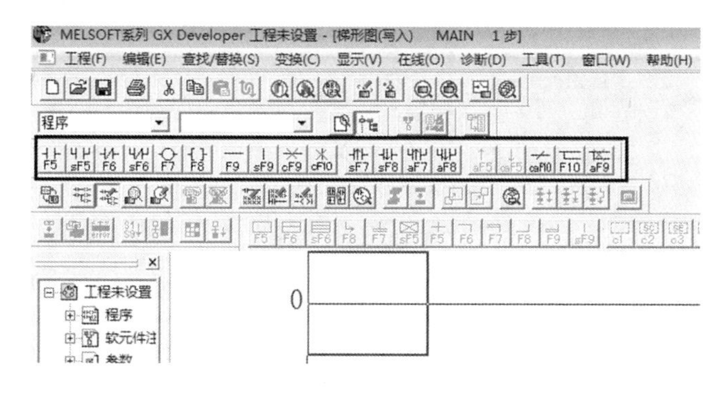

图 1－22　找到工具栏相应的符号

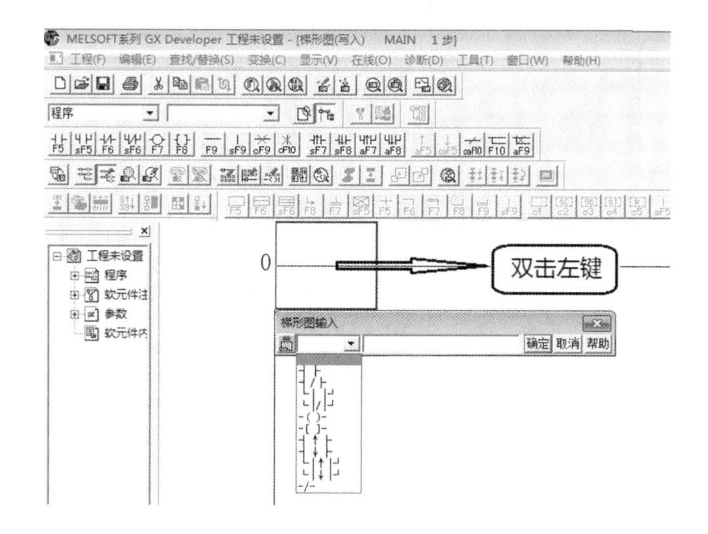

图 1－23　双击左键

（4）编写完一个简单的程序之后，可以在工具栏中点击“变换”—“变换”，也可以在编辑器中单击右键，点击最下方的“变换”，如图 1－24、图 1－25 所示。

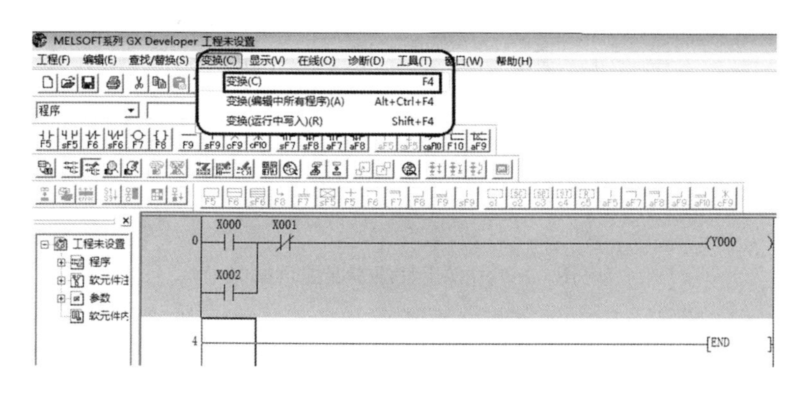

图 1－24　点击“变换”—“变换”

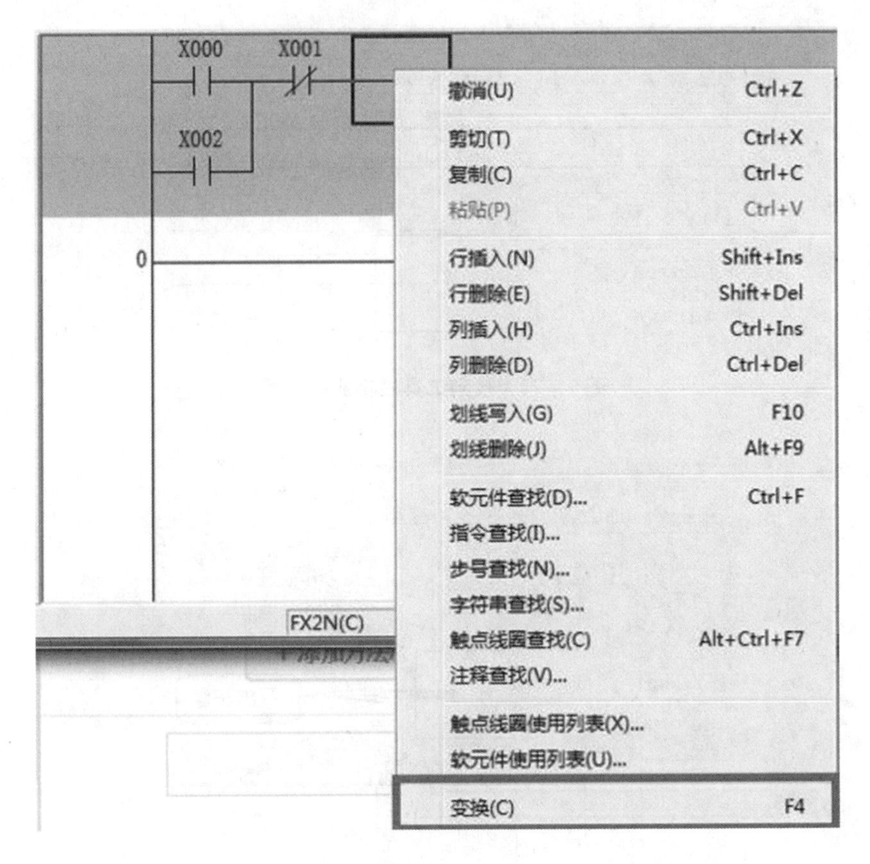

图 1－25　在编辑器中单击右键—点击“变换”

（5）如果程序中有错误，变换时会弹出提示窗口，提示“有不能变换的梯形图，请修正光标位置的梯形图”，如图 1－26 所示。

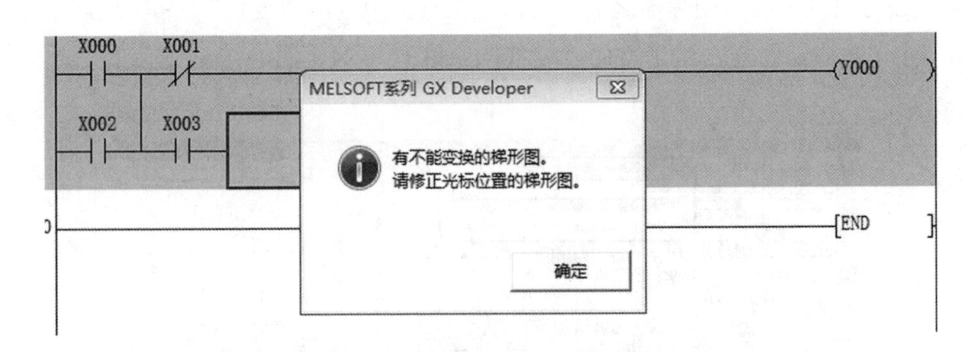

图 1－26　弹出程序错误提示窗口

（6）修正程序确认无误后，变换，然后可以点击工具栏中的“工具”—“程序检查”，弹出“程序检查”的窗口，其中可以对“指令、双线圈、梯形图、软元件和一致性

(成对)”进行检查，点击“执行”后，就可以进行检查了。检查完毕后，会在下方的信息窗口中给出提示，如图 1－27、图 1－28 所示。

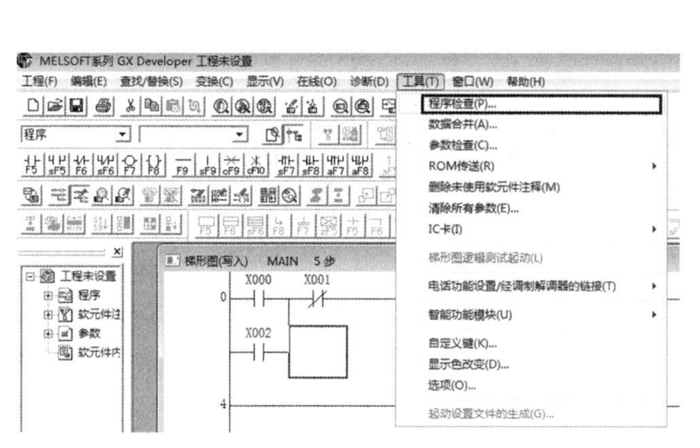

图 1－27 点击“工具”—“程序检查”

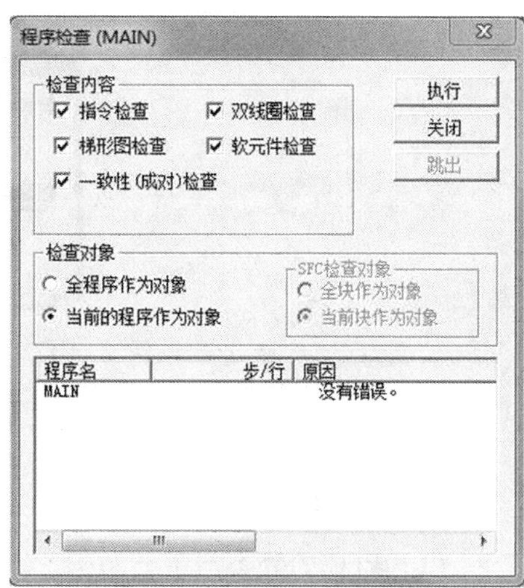

图 1－28 弹出“程序检查”窗口

（7）程序检查完毕没有错误后，即可点击工具栏中的“在线”—“PLC 写入”，进行 PLC 的联机调试，如图 1－29、图 1－30 所示。

图 1－29 点击“在线”—“PLC 写入”

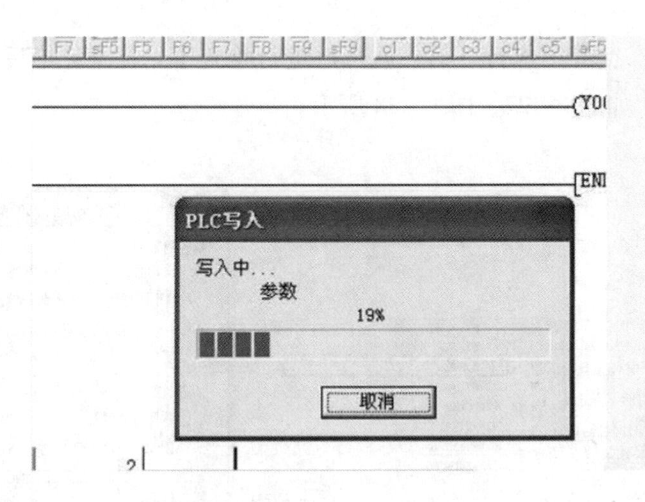

图 1－30　进行 PLC 的联机调试

模块小结

（1）PLC 的分类与主要结构。

（2）PLC 的工作原理。

（3）PLC 编程软件的简述。

（4）PLC 编程软件的使用。

模块 2

Y—△降压启动控制系统的搭建与调试

模块介绍

图 2 - 1 是三相异步电动机 Y—△降压启动的继电控制电路。本模块的任务就是：用 PLC 控制系统来实现如图 2 - 1 所示的三相交流异步电动机的 Y—△降压启动控制，其控制的时序图如图 2 - 2 所示。

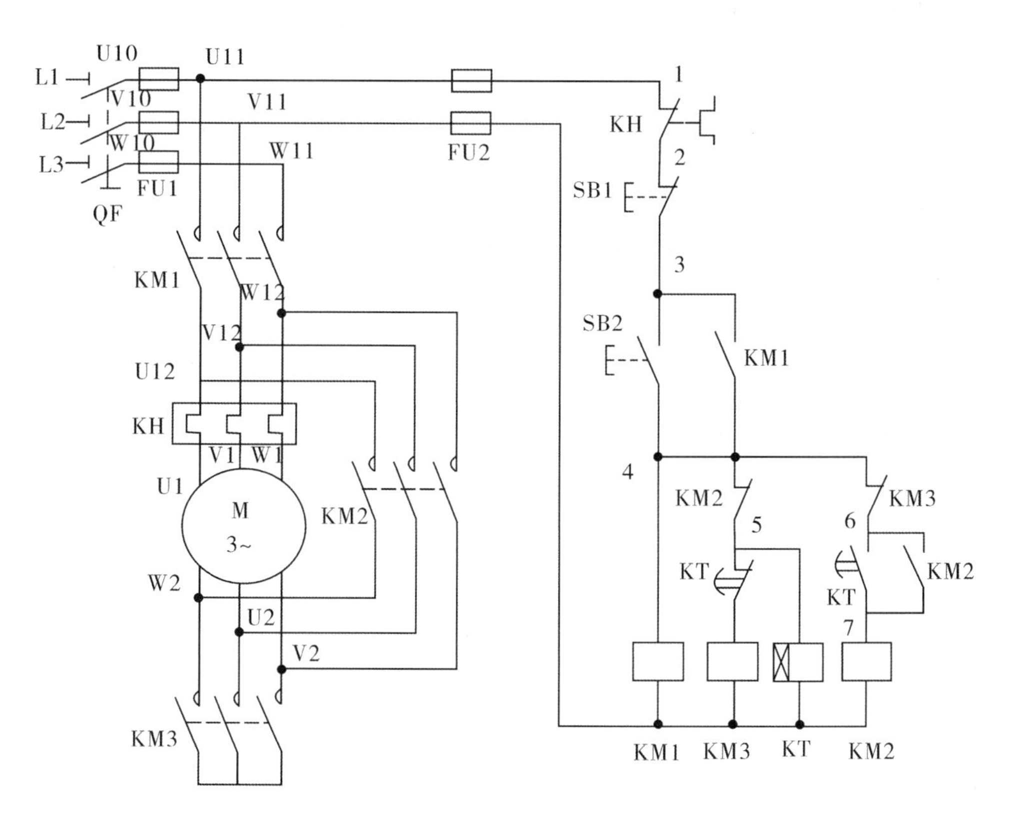

图 2 - 1　三相异步电动机 Y—△降压启动的继电控制电路

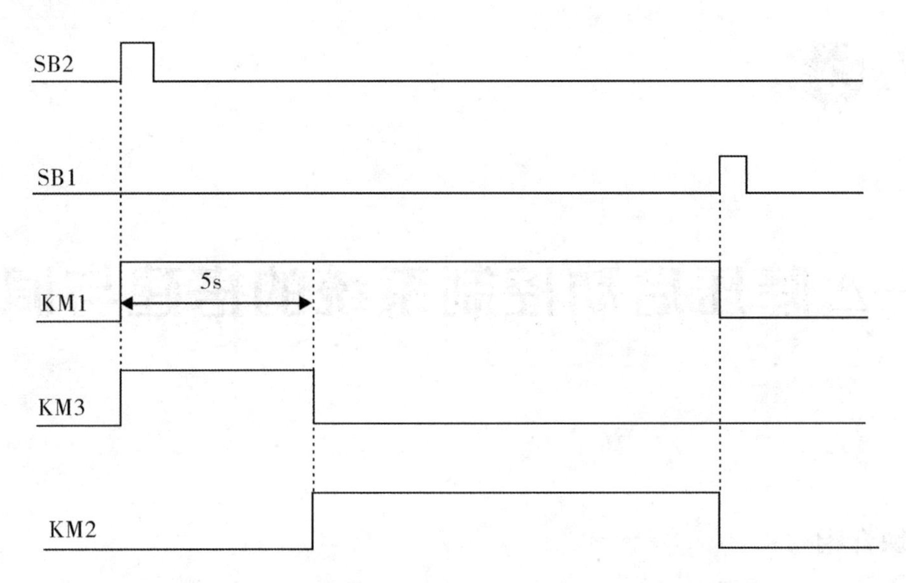

图 2-2　三相异步电动机 Y—△降压启动控制时序图

任务控制要求：

（1）能够用按钮控制三相交流异步电动机的 Y—△降压启动和停止。

（2）具有短路保护和过载保护等必要的措施。

（3）利用 PLC 基本指令来实现上述控制。

学习目标

（1）能制订 Y—△降压启动控制系统的工作计划。

（2）能使用 PLC 基本指令。

（3）能使用三菱 PLC 的编程调试软件 GX Developer。

（4）能绘制接线图、梯形图。

（5）能说出 Y—△降压启动控制系统的基本工作原理。

（6）能设计 Y—△降压启动控制系统的程序。

（7）能撰写学习记录及小结。

模块2 工作页

一、学习准备

1. 排队、分组

排队点名，分组坐好。

2. 整理仪表

检查工作服、工作帽穿戴情况。

3. 安全知识学习

接受老师的安全生产教育。

4. 领取资料

领取学材、设备使用手册等资料。

二、明确任务

1. 任务导入

（1）写出图2-1中Y—△降压启动控制系统的工作原理。

（2）通过本模块的学习，能用基本指令编写Y—△降压启动控制系统吗？

2. 明确任务：Y—△降压启动控制系统的搭建与调试

任务要求：

（1）根据如下要求，小组讨论制订出Y—△降压启动控制系统的搭建与调试的方案，并对方案进行展示和说明，在点评后完善。

（2）根据修订的方案，通过小组合作，每位同学完成一个Y—△降压启动控制系统的安装与设计工作。

任务控制要求：

（1）能够用按钮控制三相交流异步电动机的Y—△降压启动和停止。

（2）具有短路保护和过载保护等必要的措施。

（3）利用PLC基本指令来实现上述控制。

三、收集咨询

（1）常用的编程元件有哪些？

（2）基本指令有多少条？我们常用的是哪种？

（3）可编程序控制器梯形图编程规则有哪些？

（4）程序编程的步骤是怎样的？

四、制订计划

（1）小组讨论，完成下面的工作计划表。

表 2－1　第________小组工作计划表

组长：__________　组员：__________

工作步骤	内容	计划时间	实用时间	负责人
1	相关资料的查找			
2	状态流程图的绘制			
3	I/O 分配表的绘制			
4	接线图的绘制			
5	系统编程			
6	实物接线			
7	制作成果展示 PPT			

（2）我的任务是：

具体计划如下：

五、任务实施

（1）我的任务完成情况：

（2）需要改进的地方：

（3）填写 I/O 分配表。

表 2－2 I/O 分配表

输入			输出		
元件代号	作用	输入继电器	元件代号	作用	输出继电器

（4）画出 PLC 的接线图。

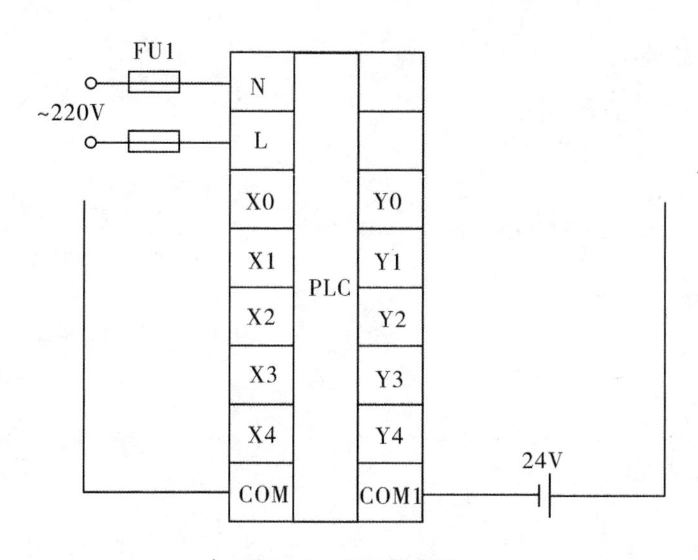

图 2－3 PLC 接线图

（5）画出对应的梯形图和指令语句表。

（6）我组整体调试情况：

六、评价反馈

（1）制作成果展示PPT，进行成果展示。

（2）完成自我评价表、小组评价表。

表2－3 自我评价表

项目内容	配分	评分标准	扣分	得分
1. 基本指令的掌握、使用情况	30分	（1）能正确理解基本指令 （2）能正确使用基本指令，出现一个偏差扣2～4分		
2. 梯形图的绘制	20分	（1）不会绘制，每个扣5～10分 （2）不能达到要求，每处扣3～5分		
3. PLC程序输入并运行调试	30分	（1）能正确输入并调试，得满分 （2）操作失误或不能按要求运行，每处扣3～5分		
4. 安全、文明操作	20分	（1）违反操作规程，产生不安全因素，酌情扣7～10分 （2）着装不规范，酌情扣3～5分 （3）迟到、早退、工作场地不干净，每次扣1～2分		
总评分＝（1～4项总分）×40%				

签名：__________ ________年________月________日

表2－4 小组评价表

项目内容	配分	评分
1. 实训记录与自我评价情况	20分	
2. 对实训室规章制度的学习与掌握情况	20分	
3. 相互帮助与协作能力	20分	
4. 安全、质量意识与责任心	20分	
5. 能否主动参与整理工具、器材与清洁场地	20分	
总评分＝（1～5项总分）×30%		

参加评价人员签名：__________ ________年________月________日

表 2－5　教师评价表

<table>
<tr><td colspan="2">教师总体评价意见：</td></tr>
<tr><td>教师评分（30 分）</td><td></td></tr>
<tr><td>总评分＝自我评分＋小组评分＋教师评分</td><td></td></tr>
</table>

教师签名：________　______年______月______日

（3）自我总结：

七、模块拓展

（1）电动机控制设计：按下启动按钮，第一台电动机运行 10min 后停止，切换到第二台电动机运转，20min 后，第二台电动机自动停止。试编出 PLC 控制程序。

（2）喷泉控制设计：有 A、B、C 三组喷头，要求启动后 A 组先喷 5s，之后 B、C 同时喷，5s 后 B 停止，再过 5s，C 停止而 A、B 同时喷，再过 2s，C 也喷；A、B、C 同时喷 5s 后全部停止，再过 3s 重复前面过程；当按下停止按钮后，马上停止。时序图如图 2－4 所示。试编出 PLC 控制程序。

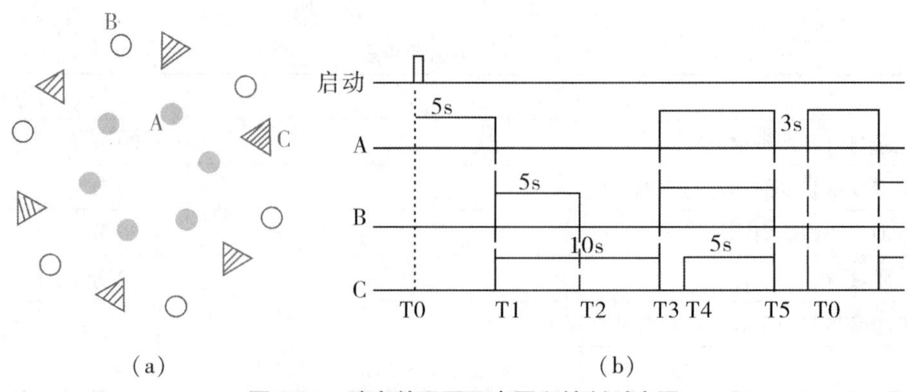

图 2－4　喷泉的平面示意图和控制时序图

（3）交通灯控制设计：假设有一个十字路口的交通信号灯控制要求时序图如图 2 – 5 所示。南北方向：红灯亮 25s，转到绿灯亮 25s，再按 1s 一次的规律闪烁 3 次，然后转到黄灯亮 2s。东西方向：绿灯亮 20s，再按 1s 一次的规律闪烁 3 次，转到黄灯亮 2s，然后红灯亮 30s。完成一个周期，如此循环运行。试编写 PLC 控制程序。

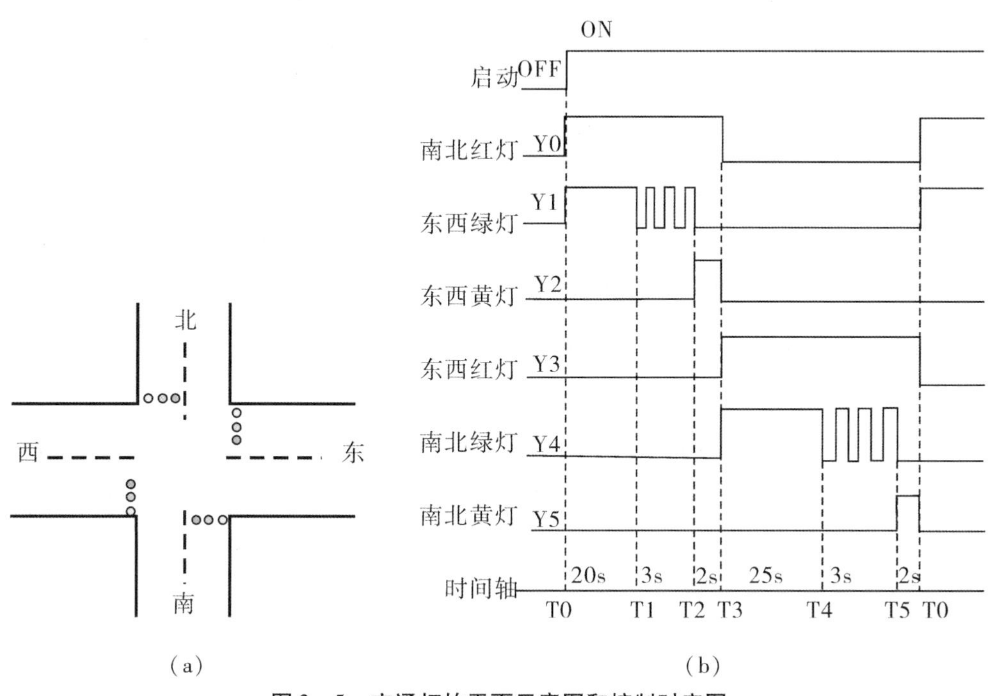

图 2 – 5　交通灯的平面示意图和控制时序图

任务 1　基本逻辑指令

可编程序控制器是按照用户的控制要求来编写程序的。程序的编写就是用一定的编程语言把一个控制任务描述出来。PLC 编程语言中，程序的表达方式有几种：梯形图、指令语句表、逻辑功能图和高级语言，但最常用的语言是梯形图和指令语句表。梯形图是一种图形语言，它沿用了传统的继电器控制系统的形式，读图方法和习惯也相同，所以梯形图比较形象和直观，便于熟悉继电器控制系统的技术人员接受。指令语句表一般由助记符和操作元件组成，助记符是每一条基本指令的符号，表示不同的功能；操作元件是基本指令的操作对象。FX_{2N}系列的 PLC 共有基本指令 27 条，本任务主要介绍这些基本指令的功能，并掌握梯形图转化成指令表、指令表转化成梯形图的方法；然后通过一些编程的示例理解基本指令的应用和一些编程的规则。

一、编程元件

1. 输入继电器（X）

输入继电器（X）与输入端相连，它是专门用来接受 PLC 外部开关信号的元件。PLC 通过输入接口将外部输入信号状态（接通时为“1”，断开时为“0”）读入并存储在输入映像寄存器中。

特点：

（1）输入继电器必须由外部信号驱动，不能用程序驱动，所以在程序中不可能出现其线圈。

（2）FX 系列 PLC 的输入继电器采用 X 和八进制共同组成编号，如 X000 ~ X007，X010 ~ X017 等。FX_{2N}型 PLC 的输入继电器编号范围为 X000 ~ X267（184 点）。

2. 输出继电器（Y）

输出继电器用来将 PLC 内部信号输出传送给外部负载（用户输出设备）。输出继电器线圈由 PLC 内部程序的指令驱动，其线圈状态传送给输出单元，再由输出单元对应的硬触点来驱动外部负载。

特点：

（1）每个输出继电器在输出单元中都对应有唯一的常开硬触点，但在程序中供编程用的输出继电器，都有一个线圈和任意对常开及常闭触点供编程使用。

（2）FX 系列 PLC 的输出继电器采用 Y 和八进制共同组成编号，如 Y000 ~ Y007，Y010 ~ Y017 等。FX_{2N}型 PLC 的输出继电器编号范围为 Y000 ~ Y267（184 点）。

3. 定时器（T）

PLC 中的定时器（T）相当于继电器控制系统中的通电型时间继电器。它是通过对一定周期的时钟脉冲进行计数实现定时的，时钟脉冲的周期有 1ms、10ms、100ms 三种，当所计脉冲个数达到设定值时触点动作。

PLC 中的定时器可以提供无限对常开及常闭延时触点。

定时器的设定值可用常数 K 或数据寄存器 D 来设置。

（1）通用定时器的分类。

100ms 通用定时器（T0 ~ T199）共 200 点，其中 T192 ~ T199 为子程序和中断服务程序专用定时器。这类定时器是对 100ms 时钟累积计数，设定值为 1 ~ 32 767，所以其定时范围为 0. 1 ~ 3 276. 7s。

10ms 通用定时器（T200 ~ T245）共 46 点，这类定时器是对 10ms 时钟累积计数，设定值为 1 ~32 767，所以其定时范围为 0.01 ~327.67s。

（2）通用定时器的动作原理。

当 X000 闭合时，定时器 T0 线圈得电，开始延时，延时时间 $\Delta t = 100\text{ms} \times 100 = 10\text{s}$，延时时间到，定时器常开触点 T0 闭合，驱动 Y000。当 X000 断开时，T0 失电，Y000 失电。

图 2 -6　定时 10s 程序

4. 计数器（C）

（1）计数器的分类。

FX_{2N}系列 PLC 提供了两类计数器：一类为内部计数器，它是 PLC 在执行扫描操作时对内部信号等进行计数的计数器，要求输入信号的接通或断开时间应大于 PLC 的扫描周期；另一类是高速计数器，其响应速度快，因此对于频率较高的计数就必须采用高速计数器。内部计数器分为 16 位加计数器和 32 位加/减计数器两类，计数器采用 C 和十进制共同组成编号。

C0 ~C199 共 200 点是 16 位加计数器，其中 C0 ~C99 共 100 点为通用型，C100 ~C199 共 100 点为断电保持型（断电保持型即断电后能保持当前值通电后继续计数）。这类计数为递加计数，应用前先对其设置某一设定值，当输入信号（上升沿）个数累加到设定值时，计数器动作，其常开触点闭合、常闭触点断开。16 位加计数器的设定值为 1 ~32 767，设定值可以用常数 K 或者通过数据寄存器 D 来设定。

（2）计数器的工作原理。

16 位加计数器的工作原理如图 2 -7 所示。外电源正常时，其当前值寄存器具有记忆功能，因而即使是非断电保持型的计数器也需复位指令才能复位。当复位输入 X001 在上升沿接通时，执行 RST 指令，计数器的当前值复位为 0，输出触点也复位。

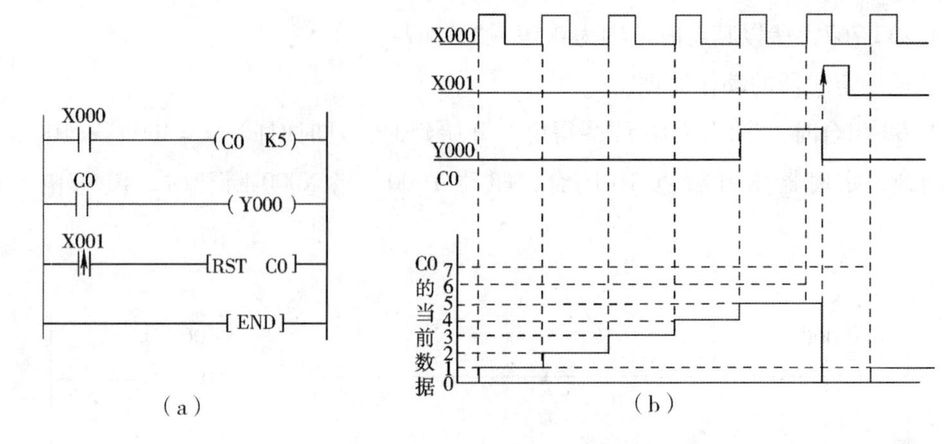

图 2-7 计数 5 次程序

X000 每闭合一次，计数器的当前值加 1。“K5”为计数器的设定值。当第 5 次执行线圈指令时，计数器的当前值和设定值相等，输出触点动作。而后即使 X000 再闭合，计数器的当前值保持不变。

5. 辅助继电器（M）

其功能相当于继电控制系统中的中间继电器。辅助继电器线圈与输出继电器线圈一样，由 PLC 内部各软元件的触点驱动，用文字符号“M”表示。辅助继电器有无数对常开和常闭触点供用户编程使用，使用次数不受限制。但是，这些触点不能直接驱动外部负载，外部负载只能由输出继电器驱动。

辅助继电器（M）以十进制进行编号，按功能来分，一般分为普通（通用型）辅助继电器、断电（失电）保持型辅助继电器和特殊辅助继电器。

（1）普通（通用型）辅助继电器（M0 ~ M499）。

特点：线圈得电触点动作，线圈失电触点复位。

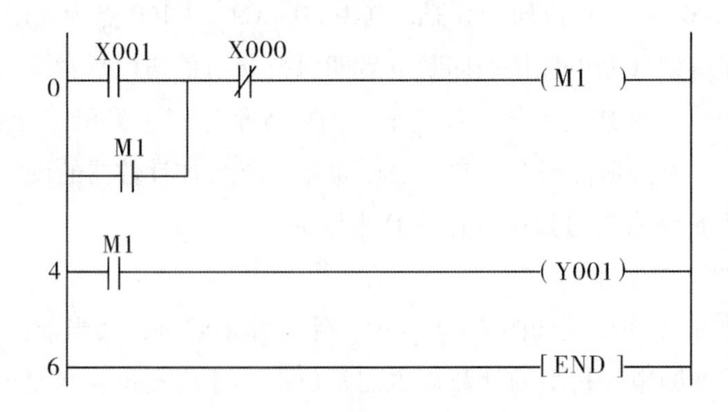

图 2-8 普通（通用型）辅助继电器应用

（2）断电（失电）保持型辅助继电器（M500 ~ M3071）。

特点：断电时线圈后备锂电池供电，当再恢复供电时，能记忆断电前的状态（对于这类继电器，要用 RST 命令清除其记忆内容）。

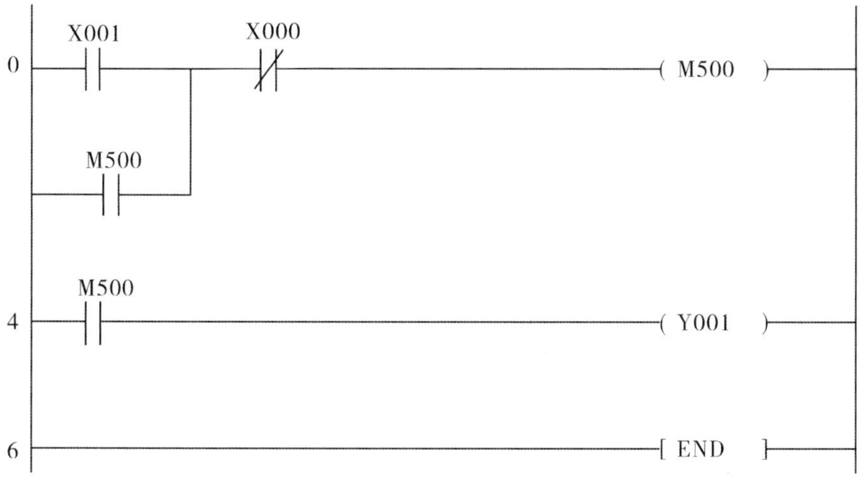

0 X001 X000 (M500)
M500
4 M500 (Y001)
6 [END]

图2－9 断电（失电）保持型辅助继电器应用

（3）特殊辅助继电器。

PLC 的特殊辅助继电器 M8000 ~ M8255 共 256 个，都具有不同的功能。

M8000——作运行监视用（在运行中常接通）；

M8002——初始脉冲（仅在运行开始瞬间接通一脉冲周期）；

M8011——产生 10ms 连续脉冲；

M8012——产生 100ms 连续脉冲；

M8013——产生 1s 连续脉冲；

M8014——产生 1min 连续脉冲；

一些特殊辅助继电器仅使用其线圈。当线圈被驱动时，完成一定的功能。

M8034——禁止所有输出，但 PLC 内部仍可运行。

M8028——FX_{1S}、FX_{0N}的 100ms/10ms 定时器切换。

二、LD、LDI、OUT 指令

（1）LD（取指令）：一个常开触点与左母线连接的指令，每一个以常开触点开始的逻辑行都用此指令。另外，与后面讲到的 ANB、ORB 指令组合，在分支起点处也可使用。

（2）LDI（取反指令）：一个常闭触点与左母线连接的指令，每一个以常闭触点开始的逻辑行都用此指令。

LD、LDI 两条指令的目标元件是 X、Y、M、S、T、C。

(3) OUT (输出指令): 线圈驱动指令。是对输出继电器 (Y)、辅助继电器 (M)、状态器 (S)、定时器 (T)、计数器 (C) 的线圈驱动，对输入继电器 (X) 不能使用。

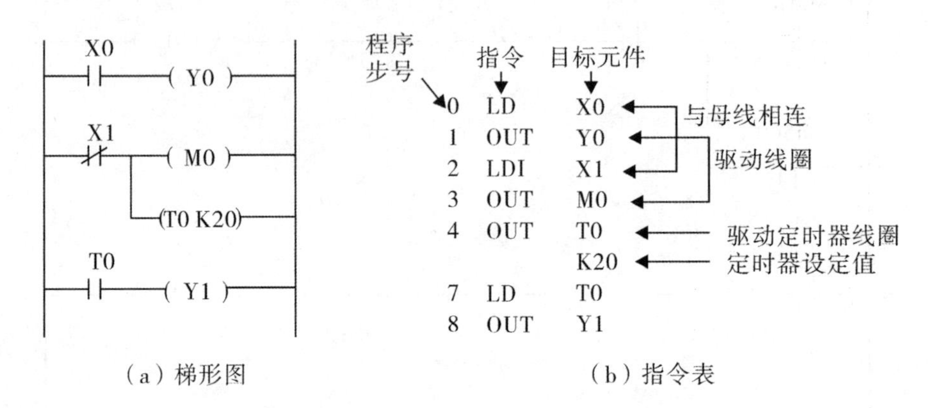

图 2-10 LD、LDI、OUT 指令使用说明

当 OUT 指令驱动的目标元件是定时器 T 和计数器 C 时，如果设定值是常数 K，则 K 的设定范围如表 2-6 所示：程序步号是自动生成，在输入程序时不用输入程序步号，不同的指令，程序步号是有所不同的。

表 2-6 K 值设定范围

定时器、计数器	K 的设定范围	实际的设定范围	步数
1ms 定时器	1 ~ 32 767	0.001 ~ 32.767s	3
10ms 定时器		0.01 ~ 327.67s	3
100ms 定时器		0.1 ~ 3 276.7s	3
16 位计数器		1 ~ 32 767s	3
32 位计数器	-2 147 483 648 ~ +2 147 483 647	-2 147 483 648 ~ +2 147 483 647	5

三、触点串联指令 AND、ANI

(1) AND (与指令): 一个常开触点串联连接指令，完成逻辑“与”运算。

(2) ANI (与反指令): 一个常闭触点串联连接指令，完成逻辑“与非”运算。

AND 与 ANI 都是一个程序步指令，串联触点的个数没有限制，该指令可以多次重复使用，使用说明如图 2－11 所示。这两条指令的目标元件为 X、Y、M、S、T、C。

OUT 指令后，通过接点对其他线圈使用 OUT 指令称为纵接输出或连续输出，如图 2－11 中的 OUT　Y3。这种连续输出如果顺序不错，可以多次重复。但是如果驱动顺序换成图2－12的形式，则必须用后述的 MPS 指令和 MPP 指令。

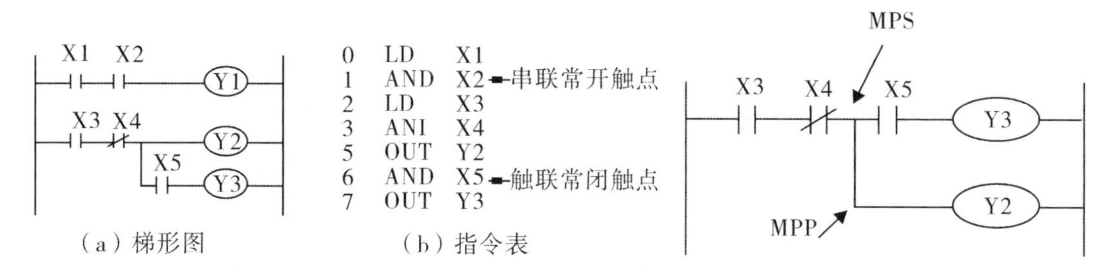

（a）梯形图　（b）指令表

图 2－11　AND、ANI 指令使用说明　　图 2－12　不推荐使用的驱动顺序

四、触点并联指令 OR、ORI

（1）OR（或指令）：用于单个常开触点的并联，实现逻辑“或”运算。

（2）ORI（或非指令）：用于单个常闭触点的并联，实现逻辑“或”“非”运算。

这两条指令都用于单个的常开/常闭触点并联，操作的对象是 X、Y、M、S、T、C。OR 是用于常开触点，ORI 用于常闭触点，并联的次数可以是无限次。使用说明如图 2－13 所示。

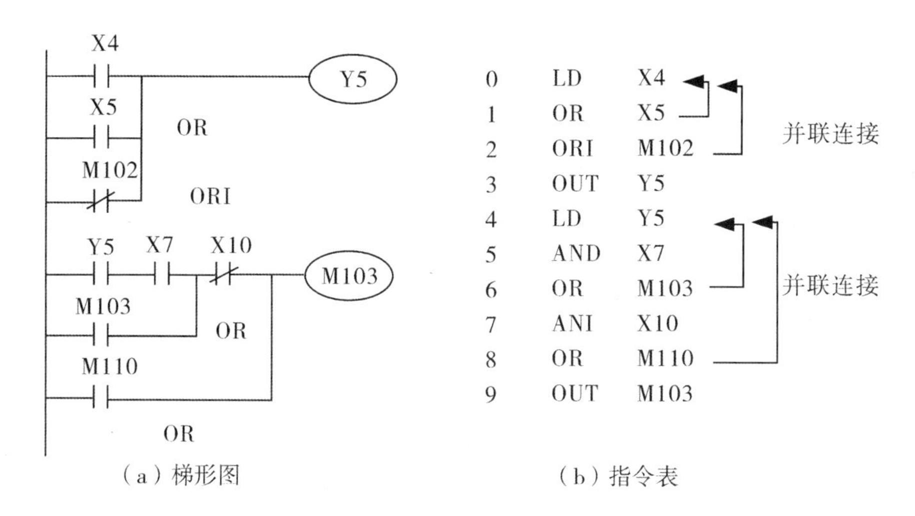

（a）梯形图　（b）指令表

图 2－13　OR、ORI 指令使用说明

五、取脉冲指令 LDP、LDF、ANDP、ANDF、ORP、ORF

LDP、ANDP、ORP 指令是进行上升沿检测的触点指令，仅在指定的位元件上升时(即由 OFF→ON 变化时)，接通一个扫描周期。操作的目标元件是 X、Y、M、S、T、C。应用如图 2-14 所示。

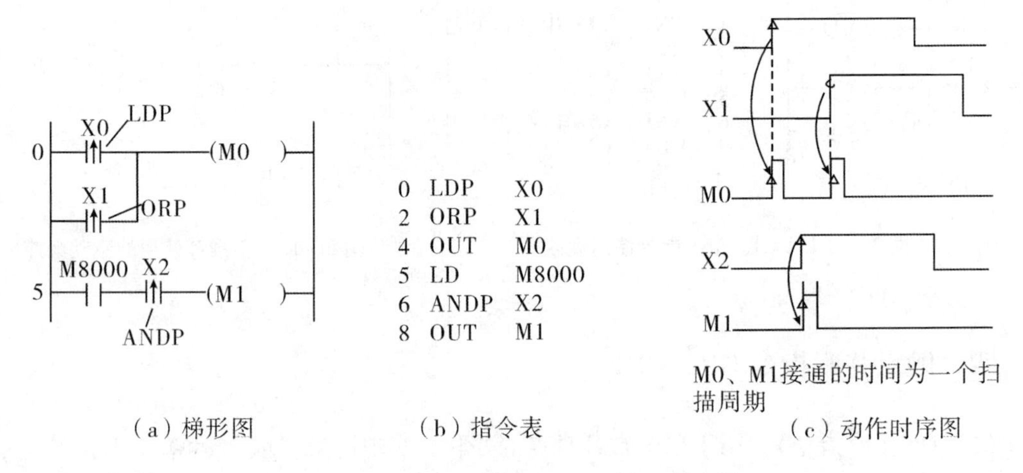

(a) 梯形图　(b) 指令表　(c) 动作时序图

图 2-14　LDP、ORP、ANDP 指令使用说明

LDF、ANDF、ORF 指令是进行下降沿检测的触点指令，仅在指定的位元件下降时(即由 ON→OFF 变化时)接通一个扫描周期。操作的目标元件是 X、Y、M、S、T、C。使用说明如图 2-15 所示。

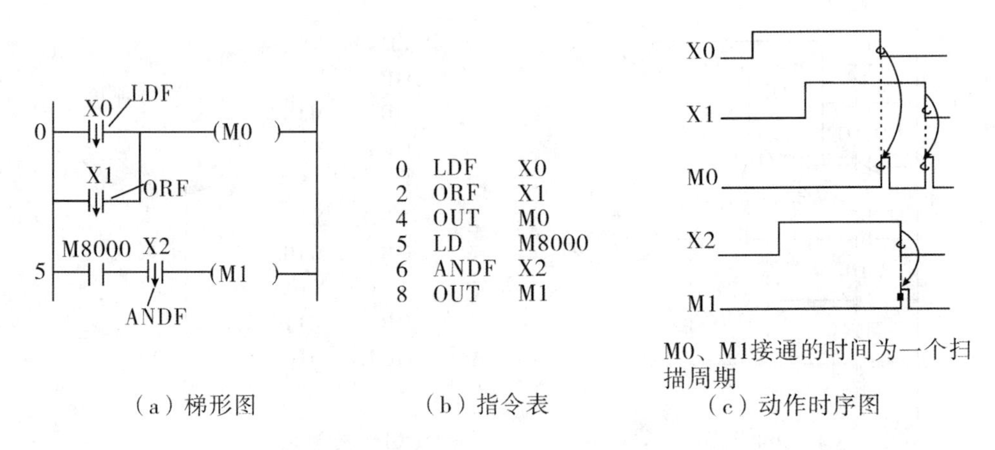

(a) 梯形图　(b) 指令表　(c) 动作时序图

图 2-15　LDF、ORF、ANDF 指令使用说明

六、块操作指令 ANB、ORB

（1）ANB（块与指令）：用于两个或两个以上的触点并联连接的电路之间的串联。ANB 指令使用说明如图 2－16 所示。

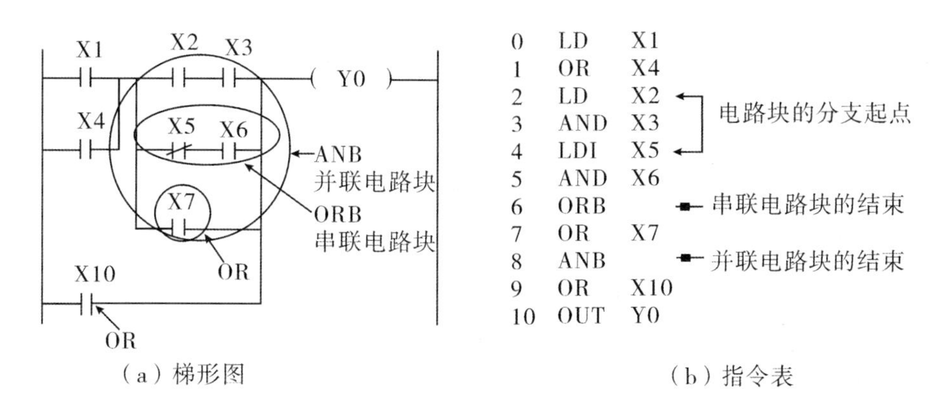

图 2－16　ANB 指令使用说明

ANB 指令的使用说明：

①并联电路块串联连接时，并联电路块的开始均用 LD 或 LDI 指令。

②多个并联回路块连接按顺序和前面的回路串联时，ANB 指令的使用次数没有限制；也可连续使用 ANB，但与 ORB 一样，使用次数在 8 次以下。

（2）ORB（块或指令）：用于两个或两个以上的触点串联连接的电路之间的并联。ORB 指令使用说明如图 2－17 所示。

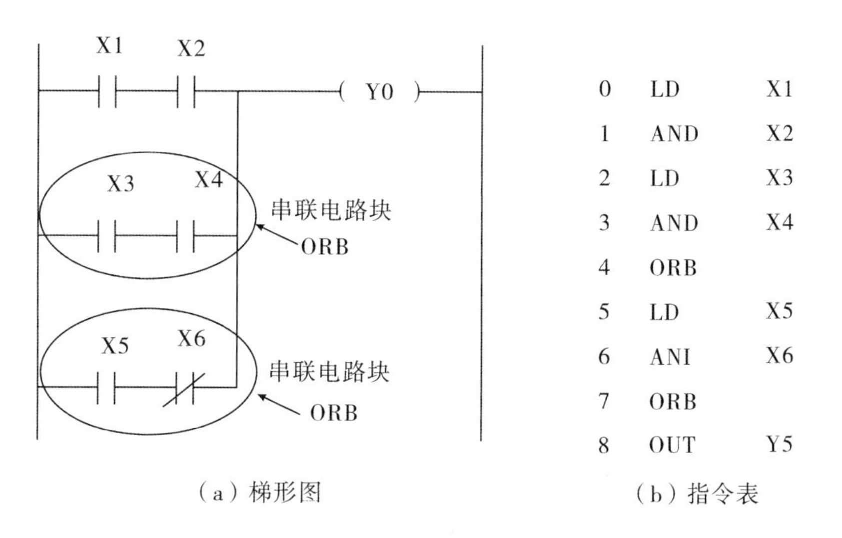

图 2－17　ORB 指令使用说明

ORB 指令的使用说明：

①几个串联电路块并联连接时，每个串联电路块开始时应该用 LD 或 LDI 指令。

②有多个电路块并联回路，如对每个电路块使用 ORB 指令，则并联的电路块数量没有限制。

③ORB 指令也可以连续使用，但这种程序写法不推荐使用，LD 或 LDI 指令的使用次数不得超过 8 次，也就是 ORB 只能连续使用 8 次以下。

七、多重输出指令 MPS、MRD、MPP

（1）MPS（进栈指令）：将运算结果送入栈存储器的第一段，同时将先前送入的数据依次移到栈的下一段。

（2）MRD（读栈指令）：将栈存储器的第一段数据（最后进栈的数据）读出且该数据继续保存在栈存储器的第一段，栈内的数据不发生移动。

（3）MPP（出栈指令）：将栈存储器的第一段数据（最后进栈的数据）读出且该数据从栈中消失，同时将栈中其他数据依次上移。

使用 MPP 指令，各数据按顺序向上移动，将最上段的数据读出，同时该数据就从栈存储器中消失。MRD 是读出最上段所存的最新数据的专用指令，栈存储器内的数据不发生移动。

这些指令都是不带操作数的独立指令。MPS、MRD、MPP 的使用如图 2－18、图 2－19、图 2－20 所示。

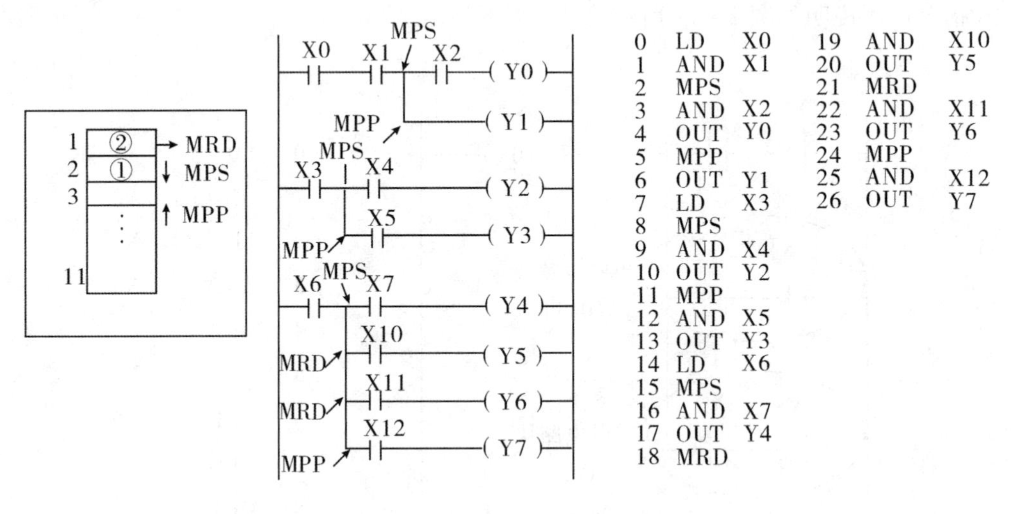

图 2－18 栈存储器与一段堆栈使用示例

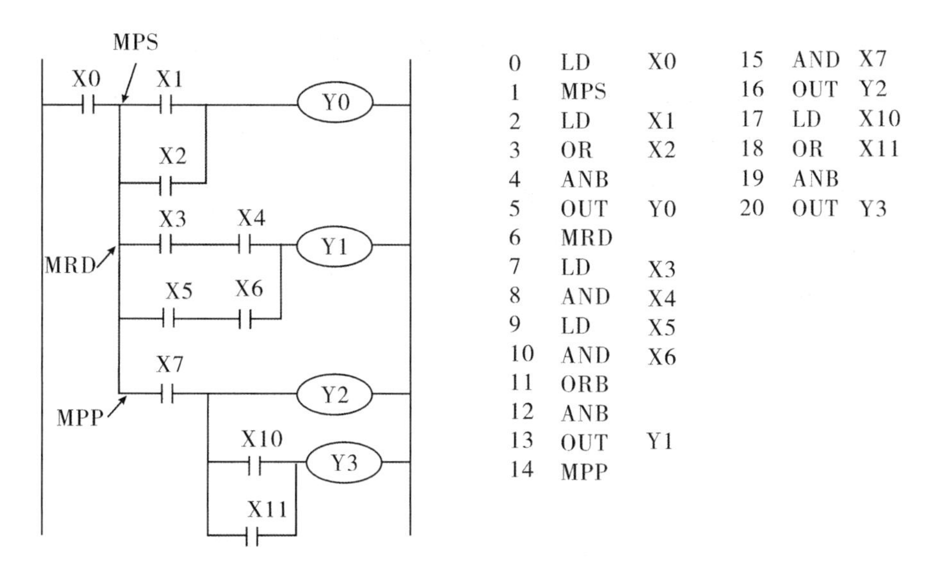

图 2－19 一段堆栈并用 ANB、ORB 指令示例

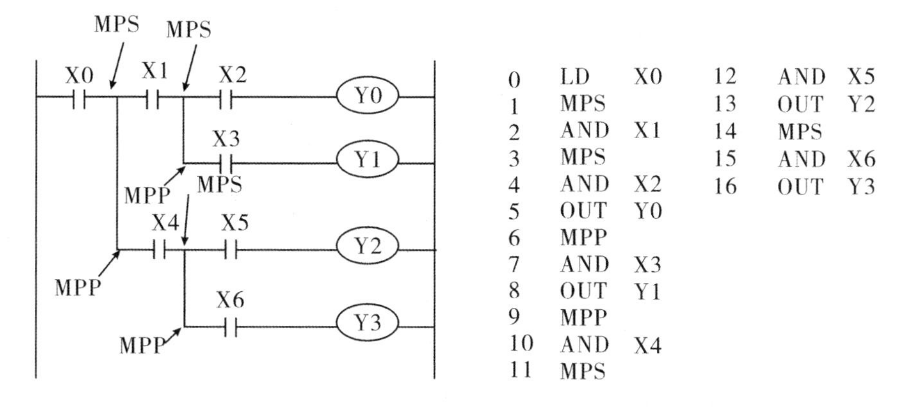

图 2－20 二段堆栈应用示例

堆栈指令的使用说明：

①堆栈指令没有目标元件。

②MPS 和 MPP 必须配对使用。

③由于栈存储单元只有 11 个，所以栈的层次最多 11 层。

八、主控及主控复位指令 MC、MCR

（1）MC（主控指令）：用于公共串联触点的连接。执行 MC 后，左母线移到 MC 触点的后面。

（2）MCR（主控复位指令）：它是 MC 指令的复位指令，即利用 MCR 指令恢复原左母线的位置。

主控指令（MC）后，母线（LD、LDI 点）移到主控触点后，MCR 为将其返回原母线的指令。通过更改软元件地址号 Y、M，可多次使用主控指令，但不同的主控指令不能使用同一软件号，否则会双线圈输出。MC、MCR 指令的应用如图 2－21 的程序示例，当输入 X0 为接通时，直接执行从 MC 到 MCR 的指令。输入 X0 为断开时，成为如下形式：

保持当前状态：积算定时器、计数器、用置位/复位指令驱动的软元件。

变为 OFF 的软元件：非积算定时器，用 OUT 指令驱动的软元件。

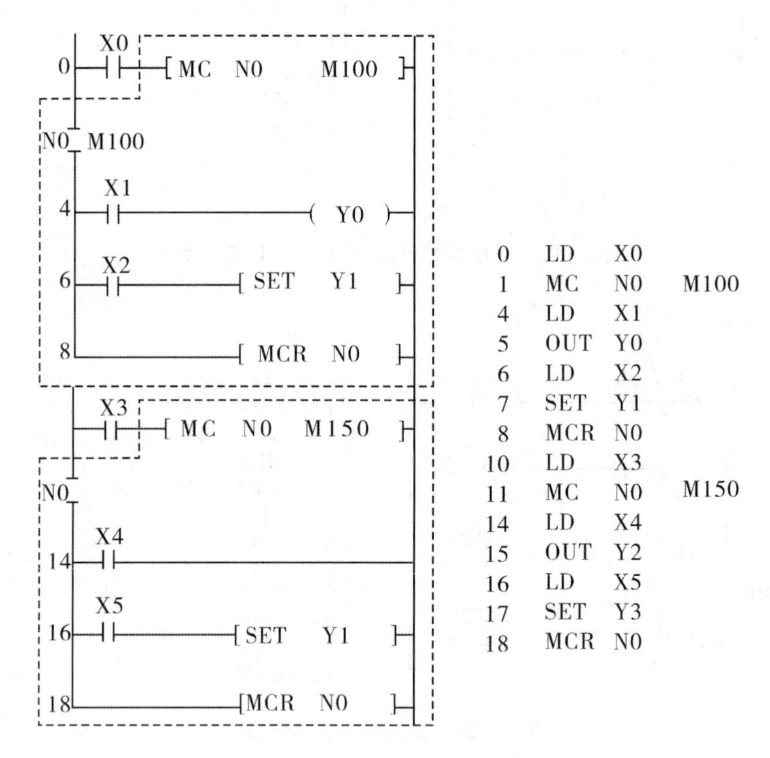

图 2－21　MC、MCR 指令的应用

在没有嵌套结构时，通用 N0 编程。N0 的使用次数没有限制。有嵌套结构时，嵌套级 N 的地址号增大，即 N0→N1→N2→N3→N4→N5…N7。在将指令返回时，采用 MCR 指令，则从大的嵌套级开始消除，如图 2－22 所示。

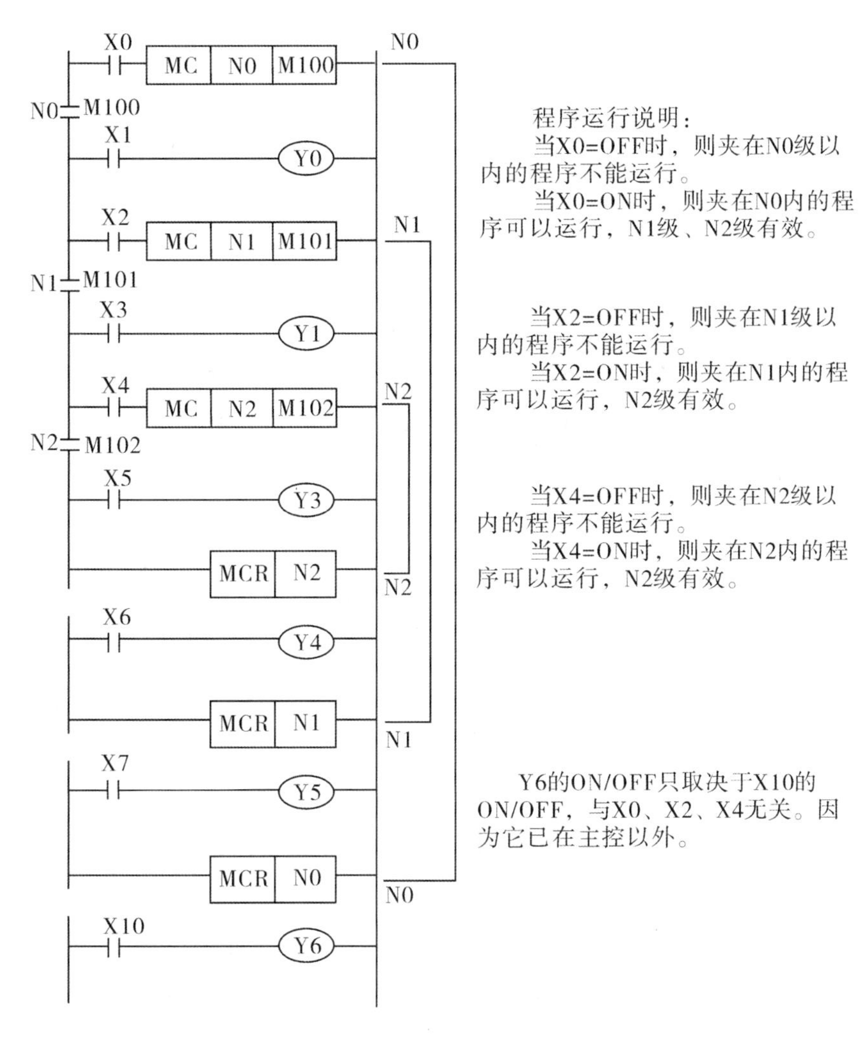

图 2－22　主控嵌套应用示例

九、逻辑反、空操作与结束指令 INV、NOP、END

（1）INV（反指令）：执行该指令后将原来的运算结果取反，是不带操作数的独立指令。反指令的使用如图 2－23 所示，如果 X0 断开，则 Y0 为 ON，否则 Y0 为 OFF。使用时应注意 INV 不能像指令表的 LD、LDI、LDP、LDF 那样与母线连接，也不能像指令表中的 OR、ORI、ORP、ORF 指令那样单独使用。

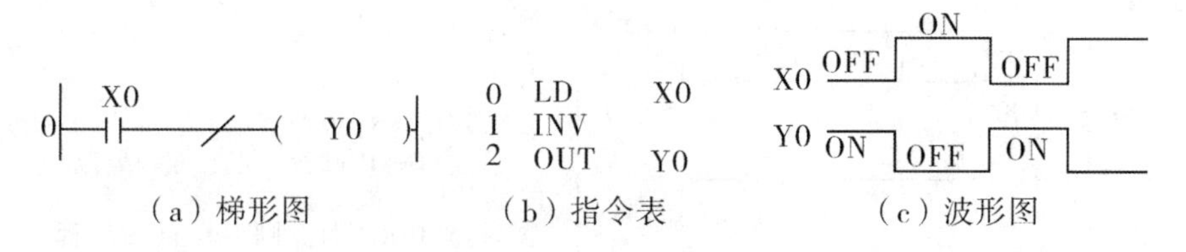

图 2－23 INV 指令使用说明

(2) NOP（空操作指令）：不执行操作，但占一个程序步。NOP 指令不带操作数，在普通指令之间插入 NOP 指令，对程序执行结果没有影响，但是将已写入的指令换成 NOP，则被换的程序被删除，程序发生变化。所以用 NOP 指令可以对程序进行编辑。如图 2－24 所示，把 AND X1 换成 NOP，则触点 X1 被消除；把 ANI X2 换成 NOP，则触点 X2 被消除。

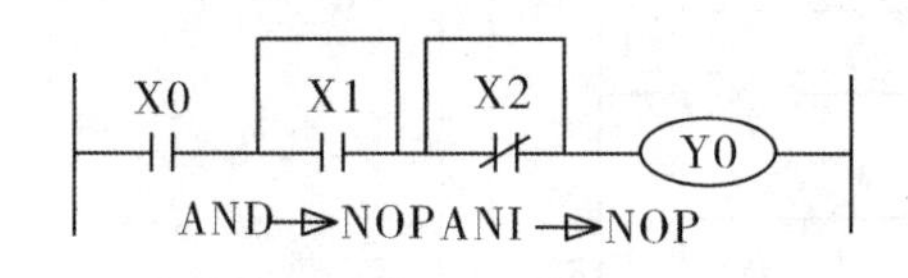

图 2－24 NOP 指令使用说明

(3) END（结束指令）：表示程序结束。若程序的最后不写 END 指令，则 PLC 不管实际用户程序多长，都从用户程序存储器的第一步执行到最后一步；若有 END 指令，当扫描到 END 时，则结束执行程序，这样可以缩短扫描周期。在程序调试时，可在程序中插入若干 END 指令，将程序划分若干段，在确定前面程序段无误后，依次删除 END 指令，直至调试结束。

十、置位（置 1）指令 SET 与复位（置 0）指令 RST

(1) SET（置位指令）：它的作用是使被操作的目标元件置位并保持。

(2) RST（复位指令）：它的作用是使被操作的目标元件复位并保持清零状态。

SET、RST 指令的使用说明如图 2－25 所示。由波形图可见，当 X0 接通，即使再变成断开，Y0 也保持接通。X1 接通后，再断开，Y0 也将保持断开。

SET、RST 指令的使用说明：

①SET 指令的目标元件为 Y、M、S，RST 指令的目标元件为 Y、M、S、T、C、D、V、Z。RST 指令常被用来对 D、Z、V 的内容清零，还用来复位积算定时器和计数器。

②对于同一目标元件，SET、RST 可多次使用，顺序也可随意，但最后执行者有效。

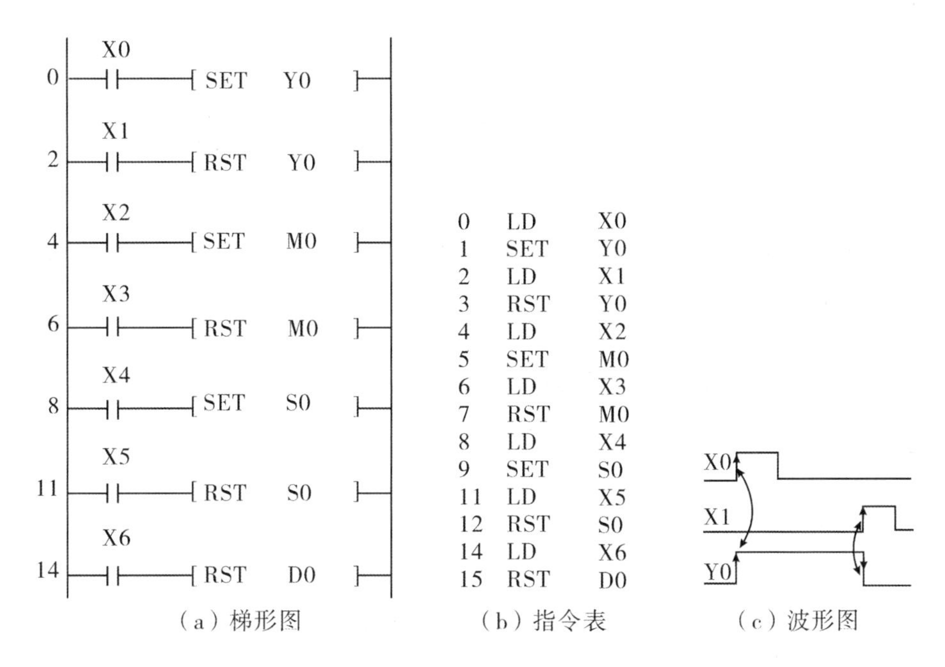

图 2－25　SET、RST 指令使用说明

十一、微分输出指令 PLS、PLF

（1）PLS（上升沿微分指令）：在输入信号上升沿产生一个扫描周期的脉冲输出。

（2）PLF（下降沿微分指令）：在输入信号下降沿产生一个扫描周期的脉冲输出。

这两条指令都是 2 个程序步，它们的目标元件是 Y 和 M，但特殊辅助继电器不能作为目标元件。其动作过程如图 2－26 所示。

使用这两条指令时，要特别注意目标元件。例如，在驱动输入接通时，PLC 由运行→停止→运行，此时 PLS 进行 M0 动作，但 PLS M600（断电保持辅助继电器）不动作。这是因为 M600 在断电停机时，其动作也能保持。

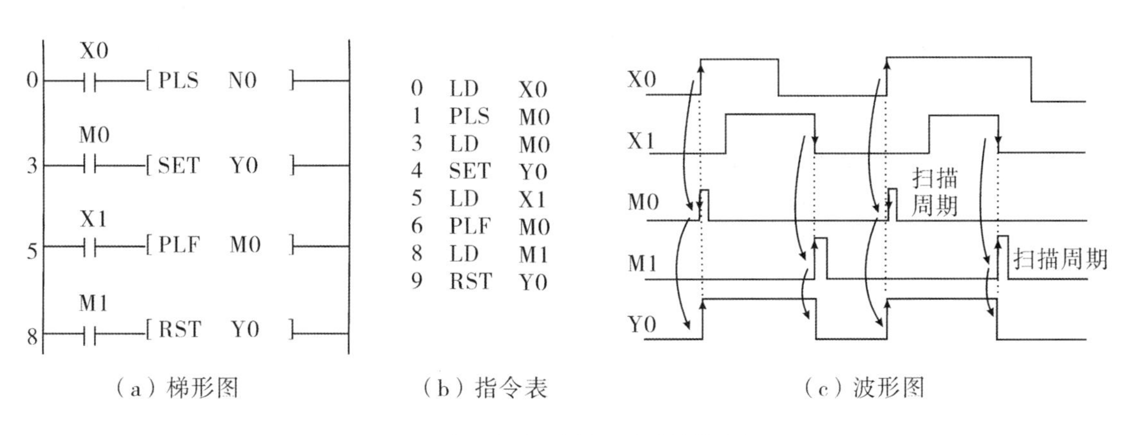

图 2－26　PLS、PLF 指令使用说明

任务 2 基本逻辑指令的应用

了解了 PLC 的基本指令后，我们学习利用基本指令进行编程，用基本指令能完成大部分逻辑控制的编程。

一、可编程序控制器梯形图编程规则

1. 只水平，不垂直

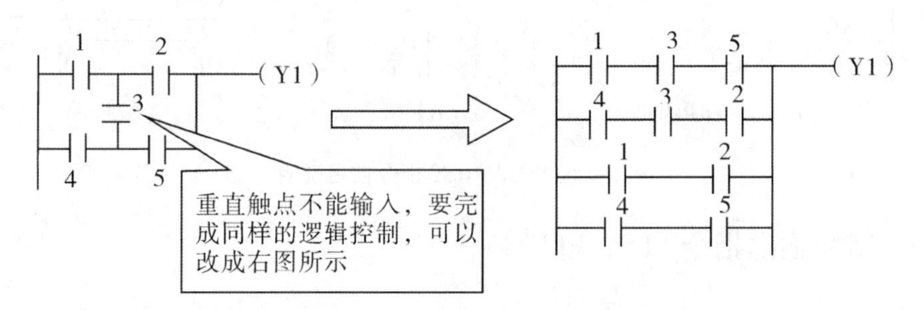

图 2－27 触点水平不垂直

2. 多靠上，多串左

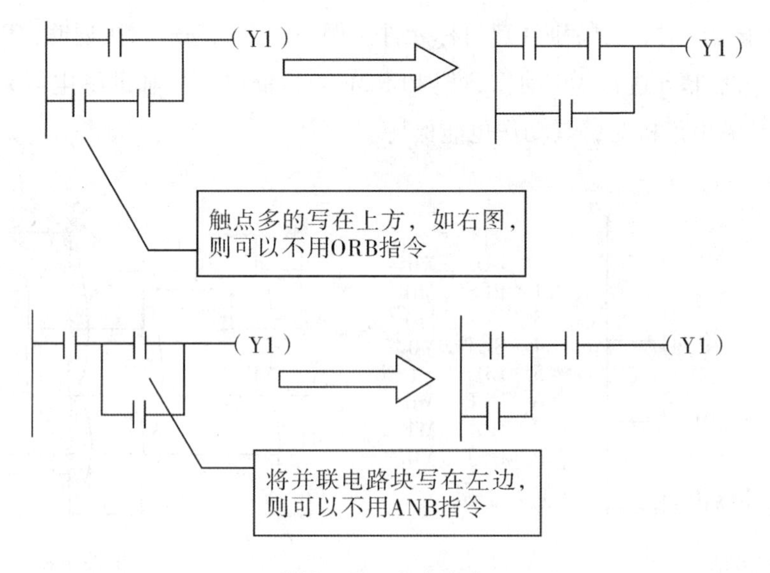

图 2－28 多上串左

3. 线圈与右母线相连

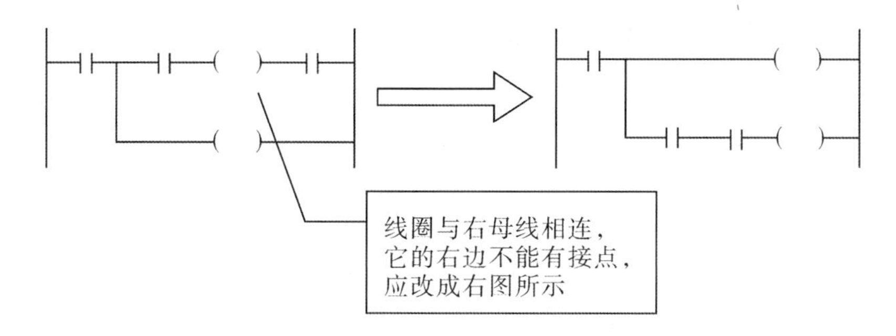

图2－29 线圈右边无触点

4. 不能有双线圈输出

图2－30中的Y3就是双线圈输出，当出现双线圈输出时，前面的输出不起作用，只有最后一条输出才起作用。避免双线圈的方法是把触点并联，如图2－30所示。

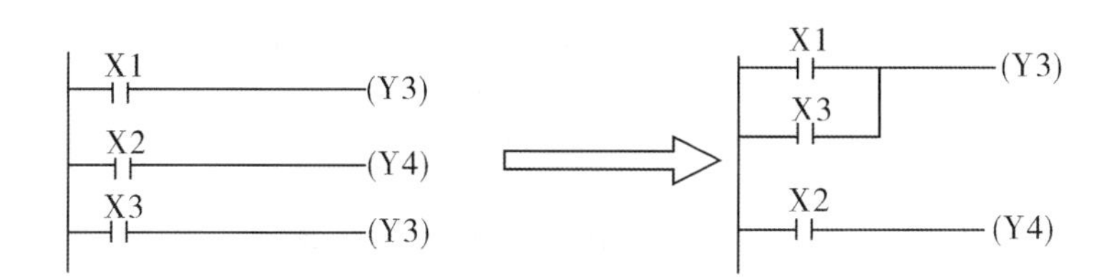

图2－30 不能有双线圈输出

二、程序举例

当我们要进行一个程序设计时，一般要按照以下几个过程进行：

（1）理解控制过程。这是写程序非常关键的一步，不了解控制过程，也就无法写出正确的程序。

（2）选择所需的硬件，并分配I/O地址，画出I/O分配表。

（3）进行程序设计，画出梯形图。

（4）对程序进行调试。

下面我们通过一些简单的例子来说明如何进行编程。

电动机正反转的控制。控制要求：按下正转按钮，电动机正转；按下反转按钮，电动机反转；按下停止按钮，电动机马上停止。当电动机发生过热时，也能自动停止。

分析：要控制电动机正反转，必须要两个交流接触器，其电路如图2－31所示。所以

PLC 有两个输出信号，有四个输入信号，其 I/O 表如表 2-7 所示，接线图如图 2-32 所示。另外，由于电动机控制正反转的接触器不能同时接通，所以必须进行互锁。根据控制要求写出梯形图和指令表，如图 2-33 所示。

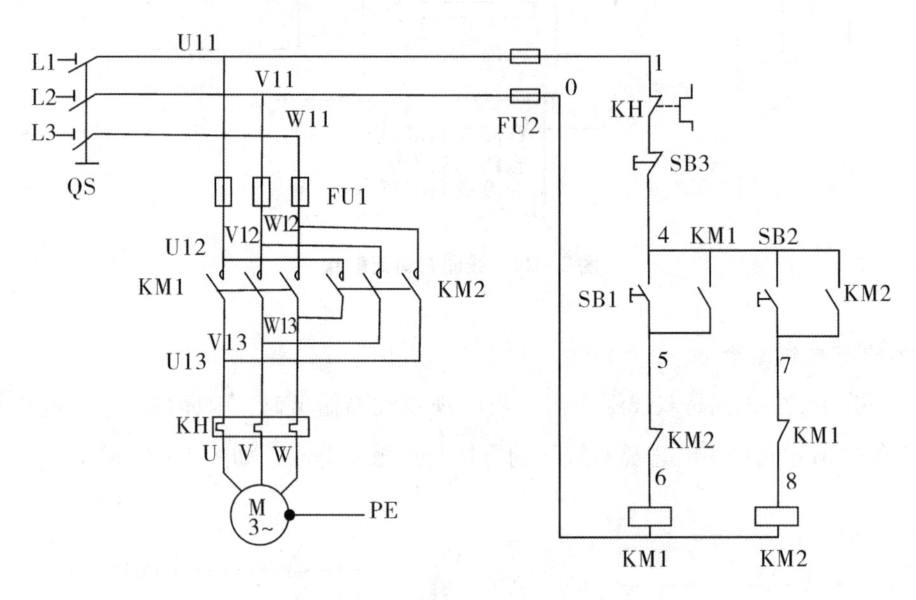

图 2-31 正反转控制电路

表 2-7 PLC 的 I/O 点的确定和分配

输入			输出		
SB1	正转按钮	X0	KM1	接触器	Y0
SB2	反转按钮	X1	KM2	接触器	Y1
SB3	停止按钮	X2			
FR	热继电器	X3			

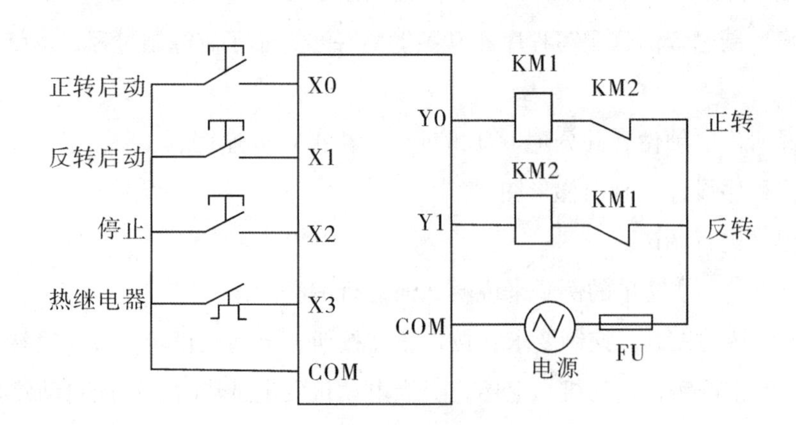

图 2-32 电动机正反转控制 I/O 图

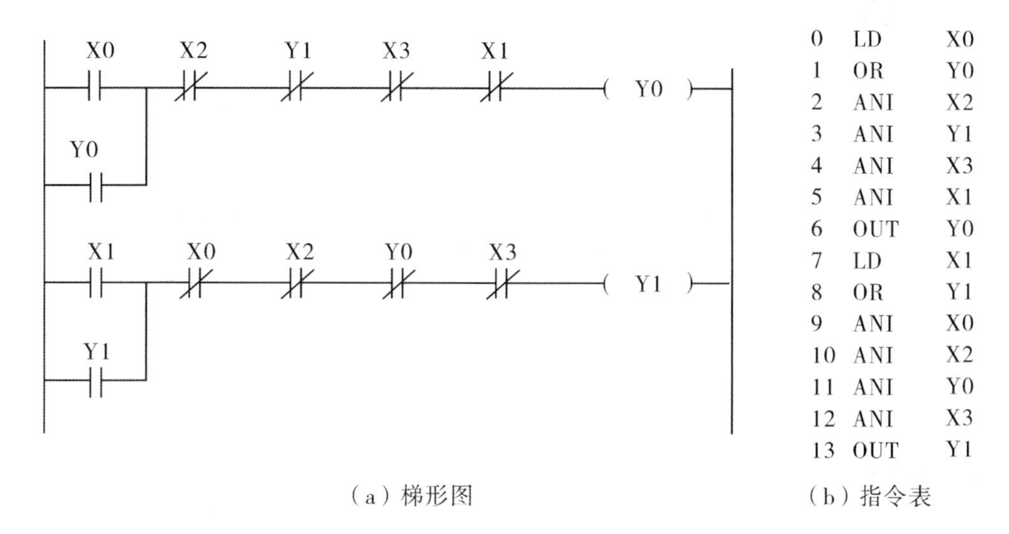

0	LD	X0
1	OR	Y0
2	ANI	X2
3	ANI	Y1
4	ANI	X3
5	ANI	X1
6	OUT	Y0
7	LD	X1
8	OR	Y1
9	ANI	X0
10	ANI	X2
11	ANI	Y0
12	ANI	X3
13	OUT	Y1

（a）梯形图　　（b）指令表

图 2－33　正反转控制梯形图和指令表

模块小结

（1）常用的编程元件有输入继电器 X、输出继电器 Y、定时器 T、计数器 C、辅助继电器 M。

（2）基本指令及其使用。

（3）可编程序控制器梯形图编程规则。

（4）编程步骤：先理解控制过程，画出 I/O 分配表，进行程序设计，画出梯形图，最后对程序进行调试。

模块 3

简易交通灯的搭建与调试

模块介绍

在公路十字路口，我们都可以看到交通灯按照一定的规律点亮和熄灭着，这是如何实现的呢？通过学习步进指令，我们可以编程来搭建简单十字路口交通灯模块。

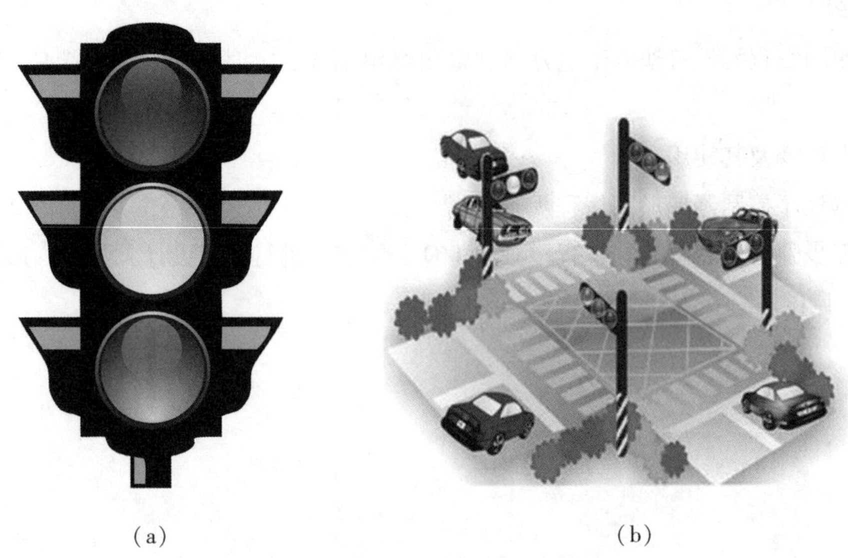

(a)　　　　(b)

图 3－1　十字路口交通灯

学习目标

(1) 能制订 PLC 控制系统的工作计划。

(2) 能使用步进指令。

(3) 能使用三菱 PLC 的编程调试软件 GX Developer。

(4) 能绘制状态流程图、接线图。

(5) 能说出交通灯的基本工作原理。

（6）能设计简易交通灯的程序。

（7）能撰写学习记录及小结。

模块 3 工作页

一、学习准备

1. 排队、分组

排队点名，分组坐好。

2. 整理仪表

检查工作服、工作帽穿戴情况。

3. 安全知识学习

接受老师的安全生产教育。

4. 领取资料

领取学材、设备使用手册等资料。

二、明确任务

1. 任务导入

（1）十字路口交通灯的工作状态是怎样的？

（2）用我们之前学过的基本指令能编写简易交通灯程序吗？

2. 明确任务：简易交通灯的搭建与调试

任务要求：

（1）根据如下流程，小组讨论制订出简易交通灯的搭建与调试的方案，并对方案进行展示和说明，在点评后完善。

（2）根据修订的方案，通过小组合作，每位同学完成一项简易交通灯安装与调试工作。

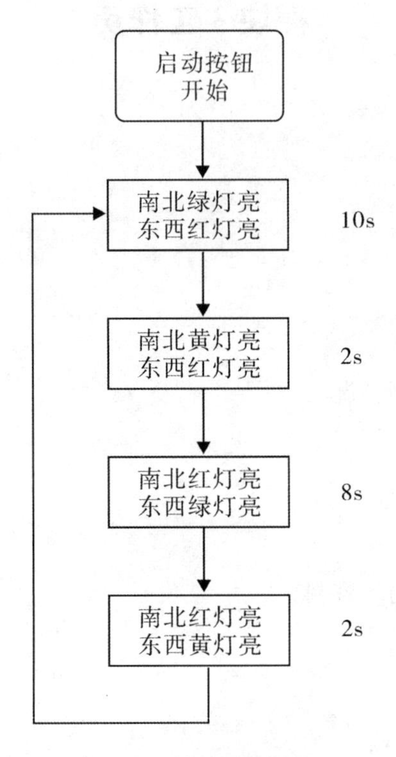

图 3－2　简易交通灯流程

三、收集咨询

（1）状态元件分成哪几种？我们常用的是哪种？

（2）状态流程图的绘制方法有哪些？有哪些要素？

（3）步进指令一般由哪几条指令组成？

（4）选择性分支和并行性分支可用在哪些场合？

四、制订计划

（1）小组讨论，完成下面的工作计划表。

表3－1 第________小组工作计划表

组长：____________ 组员：____________

工作步骤	内容	计划时间	实用时间	负责人
1	相关资料的查找			
2	状态流程图的绘制			
3	I/O 分配表的绘制			
4	接线图的绘制			
5	系统编程			
6	实物接线			
7	制作成果展示 PPT			

（2）我的任务是：

具体计划如下：

五、任务实施

（1）我的任务完成情况：

（2）需要改进的地方：

（3）用笔画出我组的实物接线：

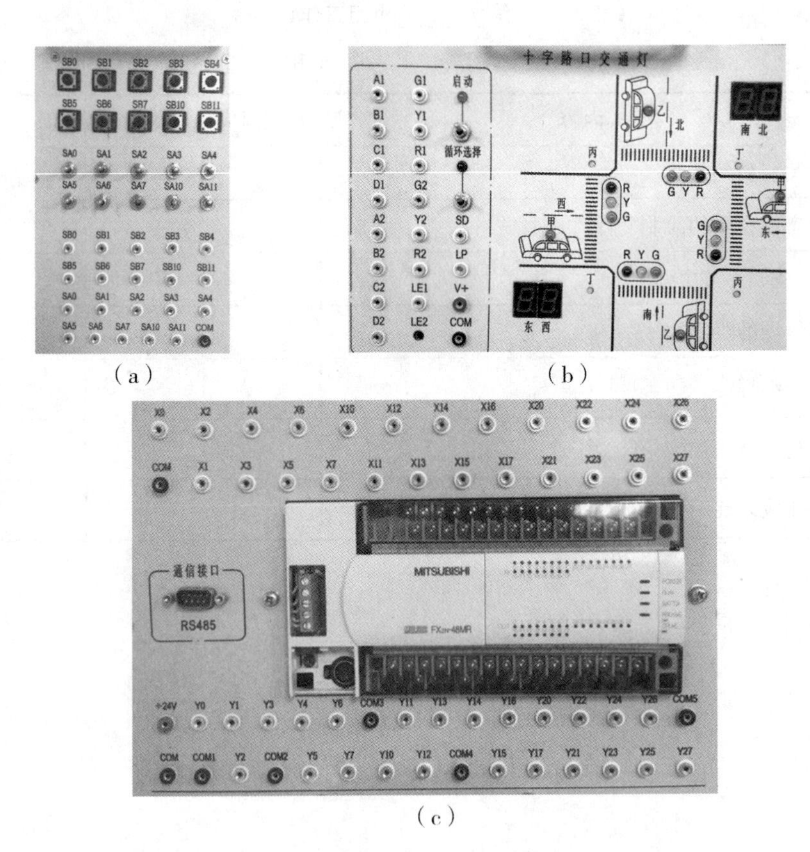

（a）（b）

（c）

图 3－3　实物接线图

（4）我组的整体程序如下：

（5）我组整体调试情况：

六、评价反馈

（1）制作成果展示PPT，进行成果展示。

（2）完成自我评价表、小组评价表。

表3－2　自我评价表

项目内容	配分	评分标准	扣分	得分
1. 步进指令的掌握、使用情况	30分	（1）能正确理解步进指令 （2）能正确使用步进指令，出现一个偏差扣2～4分		
2. 状态流程图的绘制	20分	（1）不会绘制，每个扣5～10分 （2）不能达到要求，每处扣3～5分		
3. PLC程序输入并运行调试	30分	（1）能正确输入并调试，得满分 （2）操作失误或不能按要求运行，每处扣3～5分		
4. 安全、文明操作	20分	（1）违反操作规程，产生不安全因素，酌情扣7～10分 （2）着装不规范，酌情扣3～5分 （3）迟到、早退、工作场地不清洁，每次扣1～2分		
总评分＝（1～4项总分）×40%				

签名：＿＿＿＿＿＿　＿＿＿＿年＿＿＿＿月＿＿＿＿日

表 3－3　小组评价表

项目内容	配分	评分
1. 实训记录与自我评价情况	20 分	
2. 对实训室规章制度的学习与掌握情况	20 分	
3. 相互帮助与协作能力	20 分	
4. 安全、质量意识与责任心	20 分	
5. 能否主动参与整理工具、器材与清洁场地	20 分	
总评分 =（1～5 项总分）×30%		

参加评价人员签名：__________ ________年________月________日

表 3－4　教师评价表

教师总体评价意见：	
教师评分（30 分）	
总评分 = 自我评分 + 小组评分 + 教师评分	

教师签名：__________ ________年________月________日

（3）自我总结：

七、模块拓展

（1）在本模块基础上，绿灯亮完后，加多一个状态，绿灯闪 3s，再到黄灯亮，请修改程序达到本任务要求。

（2）完成图 3－4 中混合液体搅拌系统的搭建与调试，要求如下：按下启动按钮，阀门 A 打开，液体 A 流入，到达 SL3 液位时，阀门 B 打开，液体 B 流入，电机 M 开始工作，到达 SL2 液位时，停顿 5s 后阀门 C 打开，液体 C 流入，到达 SL1 液位时，停顿 5s 后电机 M 停止工作，排液阀打开，开始排水，到达 SL3 液位时，再排 10s 之后排液阀关闭，进入下一循环。

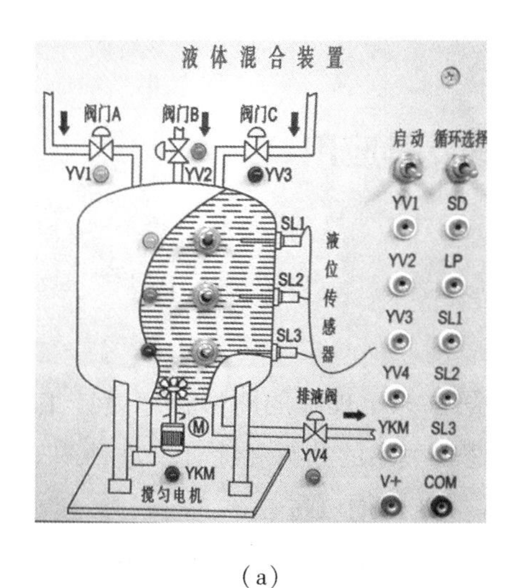

(a)

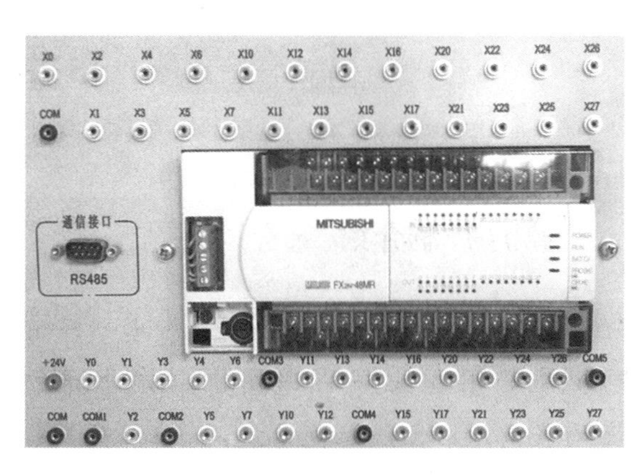

(b)

图3－4 混合液体搅拌系统的搭建与调试

（3）完成图3－5中全自动洗衣机系统的搭建与调试，要求如下：①按下启动按钮后，进水电磁阀打开开始进水，达到高水位时停止进水，进入洗涤状态。②洗涤时内桶正转洗涤15s暂停3s，再反转洗涤15s暂停3s，又正转洗涤15s暂停3s，如此反复30次。③洗涤结束后，排水电磁阀打开，进入排水状态。当水位下降到低水位时，进入脱水状态（同时排水），脱水时间为10s。这样完成从进水到脱水的一个大循环。④经过3次上述大循环后，洗衣机自动报警，报警10s后，自动停机结束全过程。

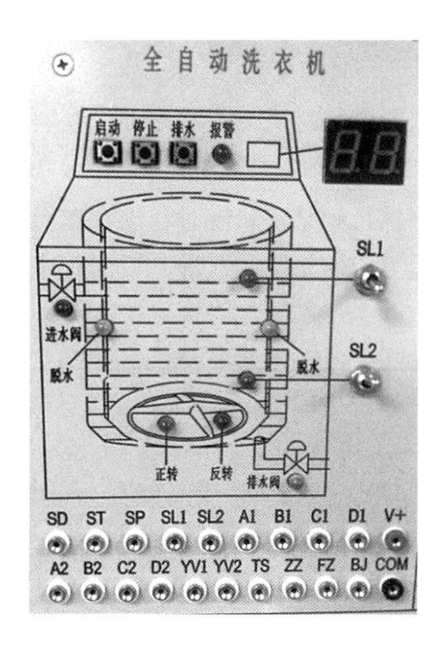

(a)

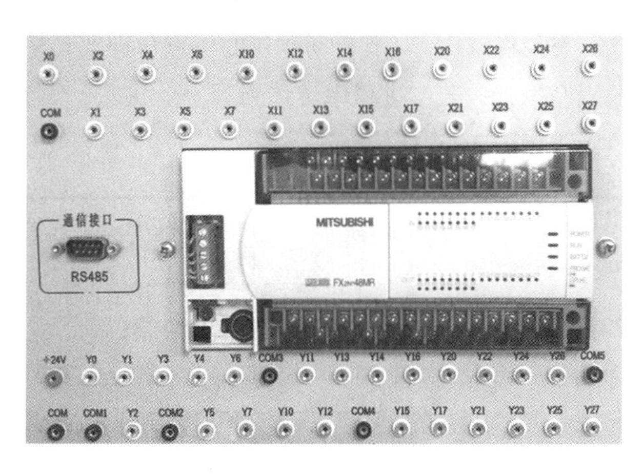

(b)

图3－5 全自动洗衣机系统的搭建与调试

任务 步进指令及其应用

一、顺序控制介绍

在复杂的控制程序中，人们一直寻求一种易于构思、易于理解的图形程序设计工具，这种工具既要有流程图的直观，又要有利于复杂控制逻辑关系的分解和综合，这种图就是状态转移图。

其特点是：①将复杂的控制任务或工作过程分解成若干个工序。②各工序的任务明确而具体。③各工序间联系清楚，可读性很强，能反映整个控制过程，并带给编程人员清晰的编程思路。

步进顺控程序相当于流水生产线，每条流水生产线都分为若干个工位，每个工位完成产品的一个加工步骤，到生产线的结束工位单位产品生产成型。

而在步进顺控程序中，同样按照控制要求把系统的控制过程划分为若干个顺序相连的阶段，这些阶段称为状态或步，每个状态都执行若干个控制动作，并在状态元件（S）中完成，因此状态元件（S）相当于流水生产线中的工位，PLC 执行完步进控制程序中的所有状态，也就实现了控制要求。

二、状态元件

状态元件（S）是步进顺控程序设计时必不可少的软元件，每一个状态元件代表顺控程序中的一个步序，用来完成顺序控制中的一个工步。

状态元件（S）具有自动复位的特点，即当步进程序执行到某一状态时，该状态元件后的程序执行；若步进程序转移到下一个状态，则前一个状态自动复位，即其后的程序不再执行，如图 3－6 所示。

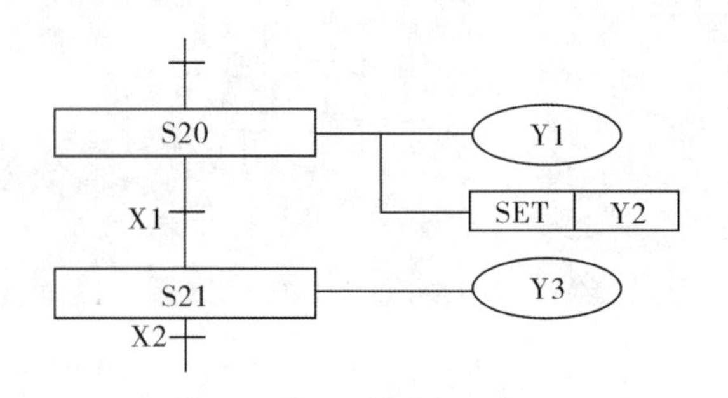

图 3－6 状态元件流程图

状态元件分类：

表3-5 状态元件分类

序号	分类	编号	说明
1	初始状态	S0 ~ S9	步进程序开始时使用
2	回原点状态	S10 ~ S19	系统返回原初始位置时使用
3	通用状态	S20 ~ S499	实现顺序控制的各个工步时使用
4	断电保持状态	S500 ~ S899	具有断电保持功能
5	外部故障诊断	S900 ~ S999	进行外部故障诊断时使用

状态元件在不用于步进程序时，可以作为通用辅助继电器（M）使用，其功能和通用辅助继电器相同，如图3-7所示。

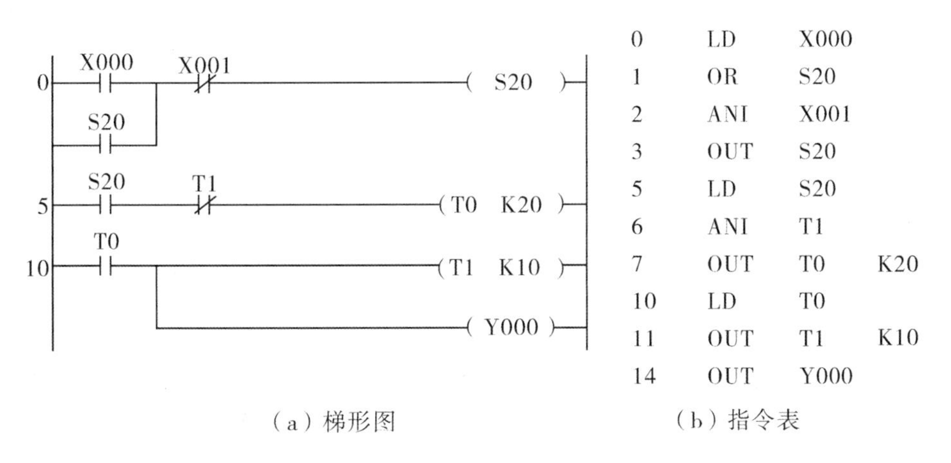

（a）梯形图 （b）指令表

图3-7 状态元件的普通用法示例

图3-7所示梯形图为一振荡电路，按下X000后，Y000以接通1s断开2s的方式不停振荡，按下X001后停止；其中状态元件S20起接通和断开电路的作用，相当于一个通用辅助继电器。

三、状态转移图

状态转移图是将整个系统的控制过程分成若干个工作状态（S），确定各个工作状态的控制功能、转移条件和转移方向，再按系统控制要求的顺序连成一个整体，以实现对系统的正确控制。

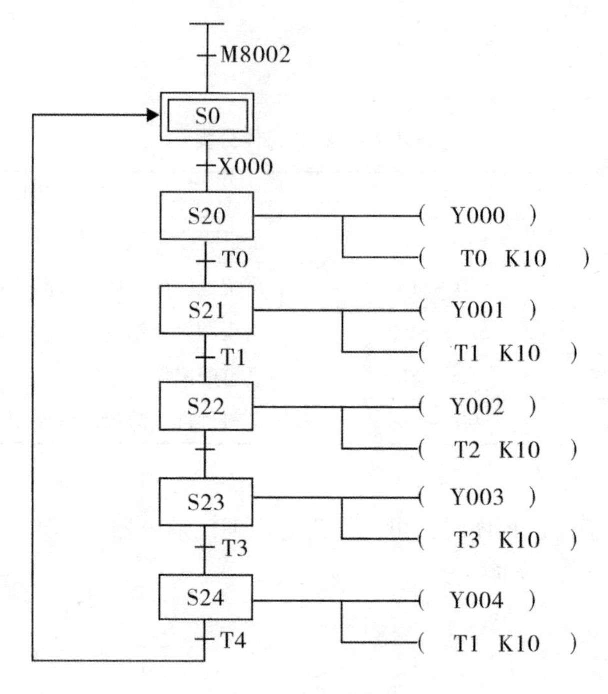

图 3-8 状态转移图

当 PLC 通电时 M8002 接通一个扫描周期，步进程序进入初始状态 S0 等待启动。

按 X000 启动后，步进程序从状态 S0 转移到 S20，此时 Y000 接通，定时器 T0 开始延时，同时状态 S0 自动复位。

延时 1s 后，T0 常开触点接通，状态转移到 S21，Y001 接通，定时器 T1 开始延时，同时状态 S20 自动复位，Y000、T0 断开。

如此一个个状态依次往下执行，直到状态 S24，当 T4 延时时间到步进程序转移到状态 S0，等待下一次启动。

该状态转移图实现了 Y000 ~ Y004 的流水单循环控制，要实现自动循环可在最后从状态 S24 直接转移到状态 S20。

四、步进指令

STL：步进节点指令，用于步进节点驱动，并将母线移至步进节点之后。

RET：步进返回指令，用于步进程序结束返回，将母线恢复原位。

三菱 FX_{2N}系列 PLC 的步进指令只有上述两条，但步进程序中连续状态的转移需用 SET 指令完成，因此 SET 指令在步进程序中也是必不可少的。

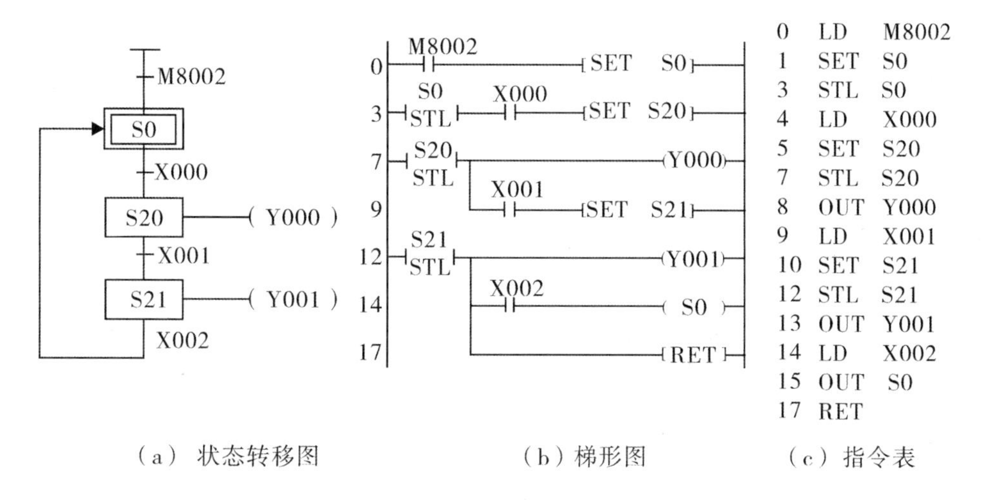

（a）状态转移图　（b）梯形图　（c）指令表

图3-9　步进指令的用法

图3-9通电时步进程序用SET指令转入状态S0，母线转移到步进节点S0（STL S0）之后，因此其后的触点在写指令语句时应直接用LD、LDI指令；当转移条件X000为ON时，步进程序转入状态S20……依此类推。当程序执行至状态S21时，图中使用OUT指令实现了向状态S0的跳转，即用OUT指令代替SET指令可实现不连续状态之间的跳转。在步进程序结束时，步进节点S21后加上步进返回指令RET，以使母线返回。

说明：

（1）步进程序编程时必须使用步进节点STL指令，程序最后必须使用步进返回RET指令。

（2）步进节点之后必须先进行线圈驱动，再进行状态转移，顺序不能颠倒。

（3）三菱FX_{2N}系列PLC在步进程序中支持双线圈输出，即在不同状态可以驱动同一编号软元件的线圈，但在相邻的状态使用的定时器或计数器最好不要相同。

（4）在STL和RET指令之间不能使用MC、MCR指令。

（5）用步进指令设计系统时，一般以系统的初始条件作为初始状态的转移条件，若系统无初始条件，可用初始化脉冲M8002驱动转移。

（6）状态转移条件中不能使用ANB、ORB、MPS、MRD和MPP指令。

五、选择性分支

根据状态转移条件从多个分支流程中选择某一分支执行，这种状态转移图的分支结构称为选择性分支。

选择性分支实际上是从几个分支中选择一个分支执行，因此每次只能满足一个分支转移条件，不能同时满足几个分支转移条件。

选择性分支状态转移图，如图 3－10 所示：

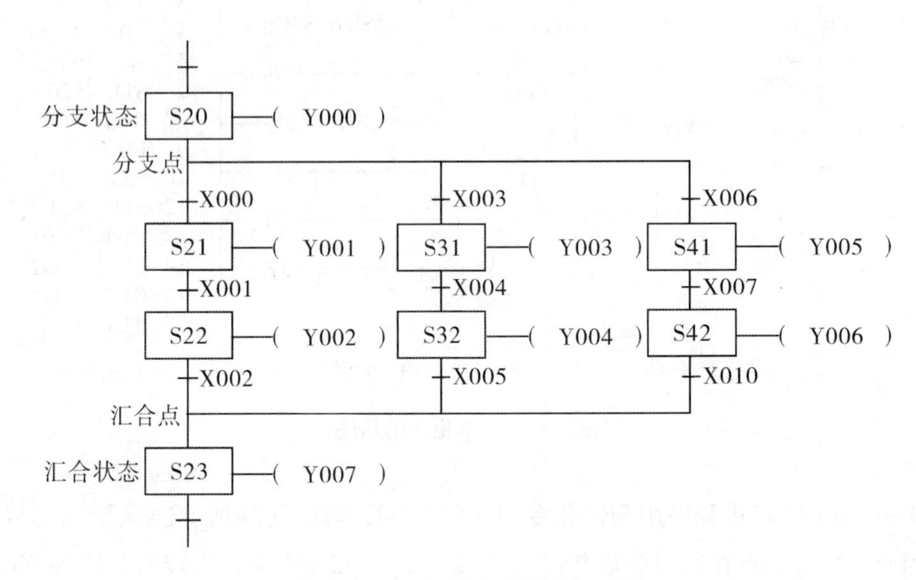

图 3－10　选择性分支状态转移图

分析：该图有三个分支流程，S20 为分支状态，S23 为汇合状态。步进程序执行至分支状态 S20 后，当某一分支执行条件满足时，选择执行该分支流程。

当 X000 为 ON 时选择执行第一分支流程；当 X003 为 ON 时选择执行第二分支流程；当 X006 为 ON 时选择执行第三分支流程。但每次选择执行时，同一时刻执行条件 X000、X003 和 X006 只能有一个为 ON。S23 为汇合状态，当执行至每一分支流程的最后一个状态时，由相应的转移条件驱动。

选择性分支状态的编程原则：先对各分支进行集中转移处理，再分别按顺序对各分支进行编程。

选择性分支状态编程，如图 3－11 所示：

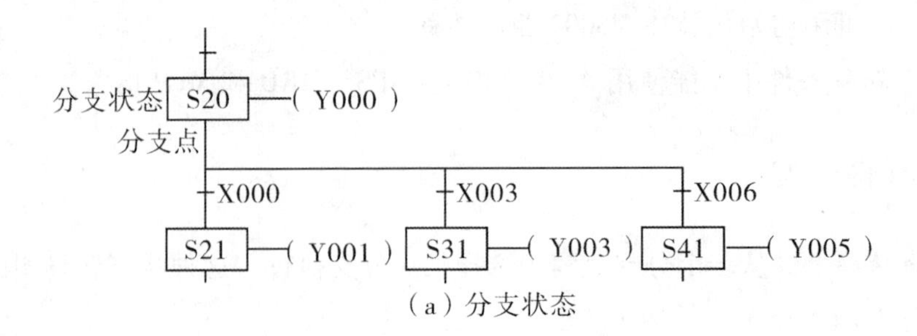

（a）分支状态

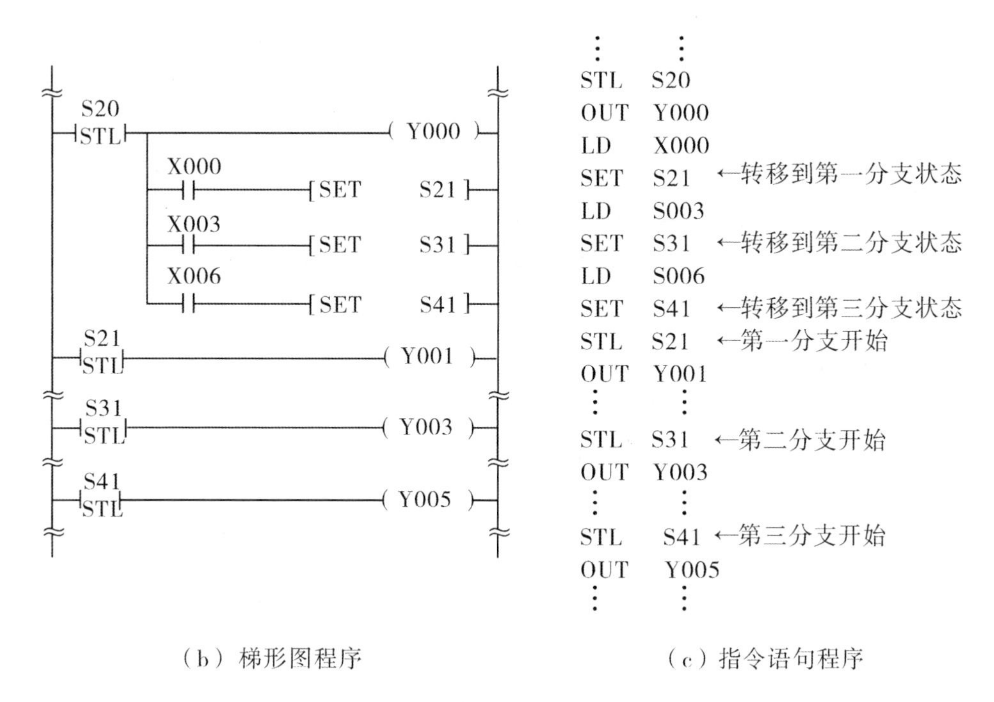

（b）梯形图程序　　　　（c）指令语句程序

图3-11　选择性分支状态编程

选择性汇合状态的编程原则：先分别在各分支的最后一个状态进行向汇合状态的转移处理，然后再对汇合状态编程。

选择性汇合状态编程，如图3-12所示：

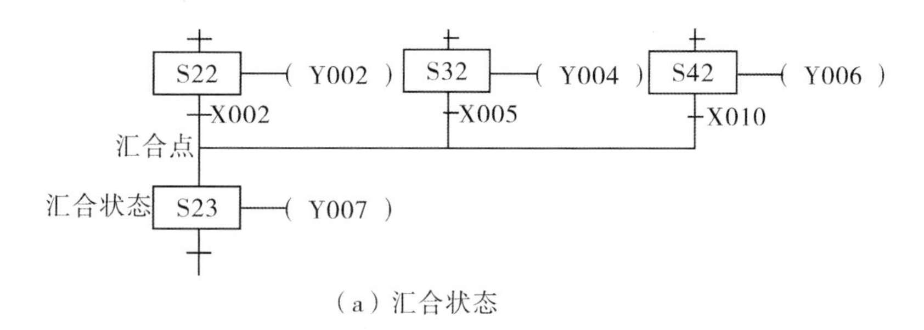

（a）汇合状态

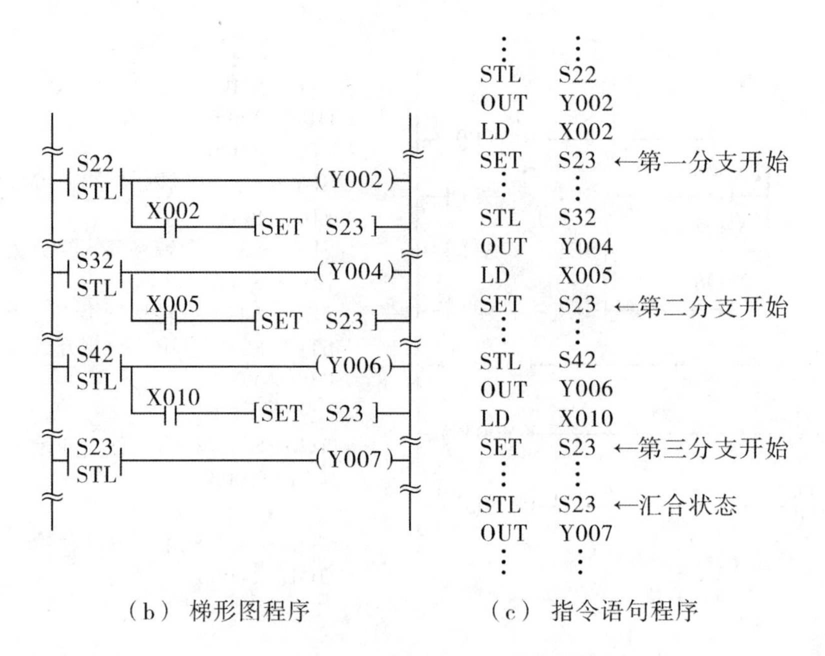

（b） 梯形图程序　　（c） 指令语句程序

图 3－12　选择性汇合状态编程

六、并行分支

当满足某个条件后使多个分支流程同时执行的分支结构称为并行分支。

并行分支是满足某一条件时若干个分支同时并行执行，因此必须等所有分支全部执行完毕后，才能继续执行下一个流程。

并行分支状态转移图，如图 3－13 所示：

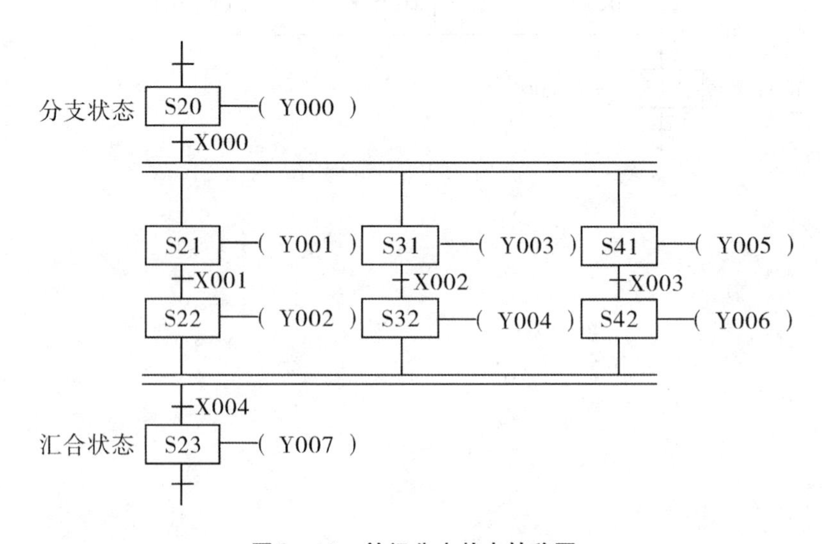

图 3－13　并行分支状态转移图

分析：图中S20为分支状态，S23为汇合状态。当步进程序执行到状态S20时，若X000为ON，则状态从S20同时转移至S21、S31和S41，三个分支流程同时并行开始执行，实现并行分支的分支；而只有当三个分支全部执行结束后，接通X004，才能使状态S22、S32和S42同时复位，转移到下一个状态S23，实现并行分支的汇合。

并行分支状态的编程原则：先对各分支集中进行状态转移处理，然后再分别按顺序对各分支进行编程，如图3－14所示。

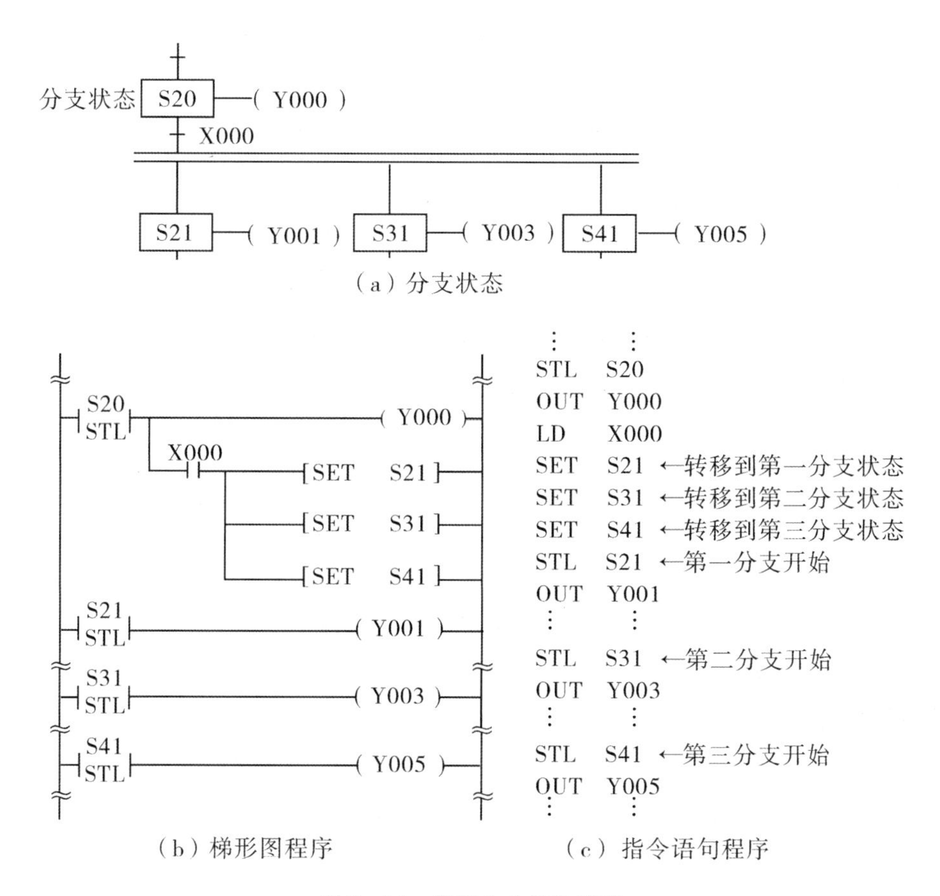

（a）分支状态

（b）梯形图程序　（c）指令语句程序

图3－14　并行分支状态编程

并行汇合状态的编程原则：将各分支的最后一个状态的STL触点串联，集中进行向汇合状态的转移处理，以保证每个分支都执行完毕后才能向汇合状态转移，然后再对汇合状态进行编程，如图3－15所示。

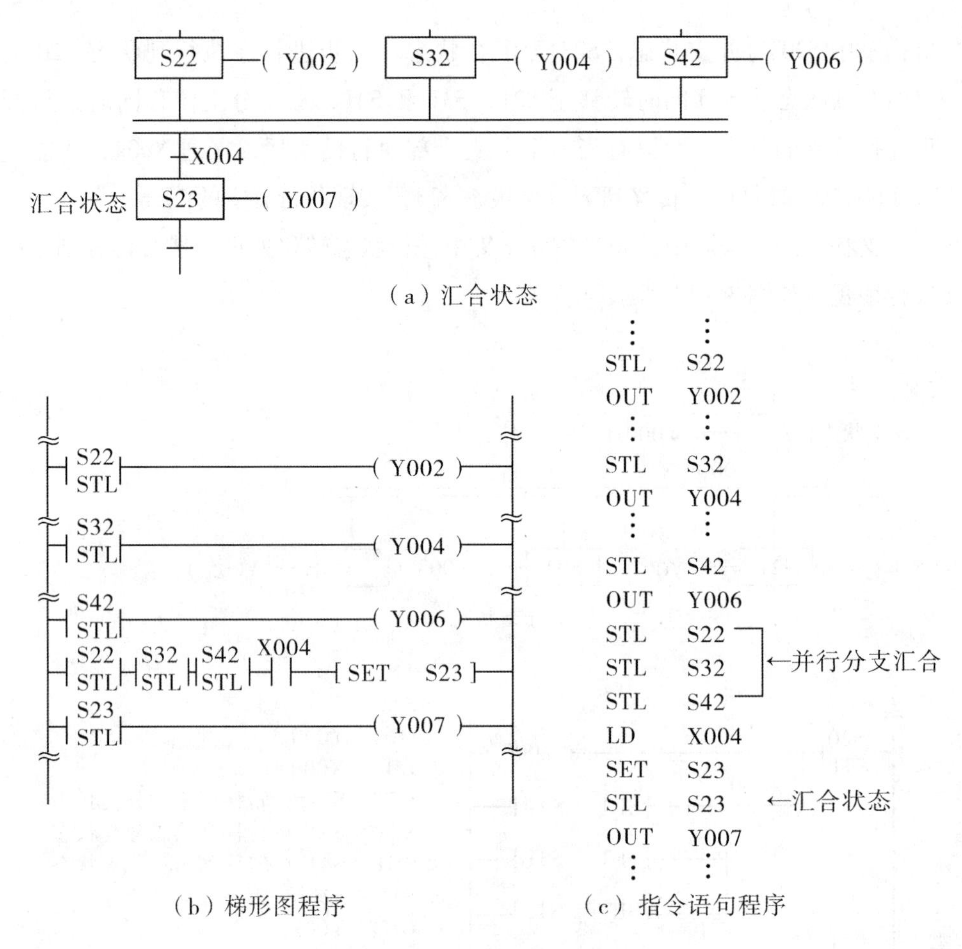

图 3-15 并行汇合状态编程

模块小结

(1) 状态元件分类：初始、回原点、通用、断电保持、外部故障诊断。

(2) 状态转移图：单流程、选择性分支、并行分支。

(3) 步进（STL、RET）指令。

(4) 选择性分支编程原则：先对各分支进行集中转移处理，再分别按顺序对各分支进行编程。

(5) 并行分支编程原则：先对各分支集中进行状态转移处理，然后再分别按顺序对各分支进行编程。

(a)

(b)

图 4-1　数码管控制显示模块

模块4 工作页

一、学习准备

1. 排队、分组

排队点名，分组坐好。

2. 整理仪表

检查工作服、工作帽穿戴情况。

3. 安全知识学习

接受老师的安全生产教育。

4. 领取资料

领取学材、设备使用手册等资料。

二、明确任务

1. 任务导入

（1）你接触过数码管吗？数码管内部一般由几个 LED 灯组成？

（2）只用我们之前学过的基本指令或步进指令能编写数码管控制程序吗？

2. 明确任务：数码管的控制显示与调试

任务要求：

（1）将 PLC 的输出点 Y0 ~ Y7 当作数据线跟 1 位数码管连接，控制数码管使它显示 0 ~ 9中的数字，并通过两个按钮来控制数码管的数字加或减。

（2）在上面任务的基础上，改成自动加或减，一个按钮是自动加，另一个按钮是自动减。

（3）小组讨论制订出数码管控制显示的安装和调试的方案，并对方案展示和说明，在点评后完善。根据修订的方案，通过小组合作，每位同学完成一个数码管控制显示的安装与调试工作。

三、收集咨询

（1）数码管按内部结构来分，可以分成哪两种？

（2）请画出上面两种数码管的内部结构图。

（3）怎样控制数码管里 LED 的点亮和熄灭？

（4）哪条指令是专门用来控制数码管的？怎样使用？

（5）请查找功能指令 MOV、INC、DEC 的用法。

四、制订计划

（1）小组讨论，完成下面的工作计划表。

表4-1　第________小组工作计划表

组长：____________组员：____________

工作步骤	内容	计划时间	实用时间	负责人
1	相关资料的查找			
2	状态流程图的绘制			
3	I/O 分配表的绘制			
4	接线图的绘制			
5	系统编程			
6	实物接线			
7	制作成果展示 PPT			

（2）我的任务是：

具体计划如下：

五、任务实施

（1）我的任务完成情况：

（2）需要改进的地方：

（3）用笔画出我组的实物接线：

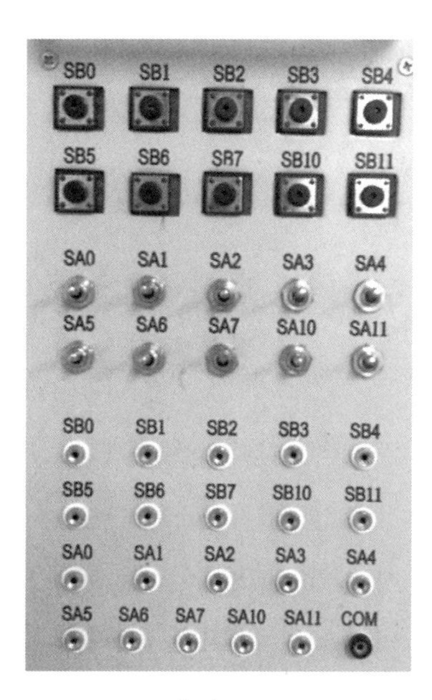

（a）

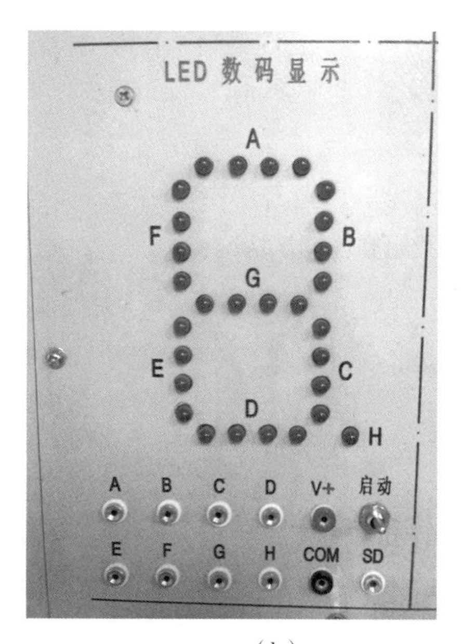

（b）

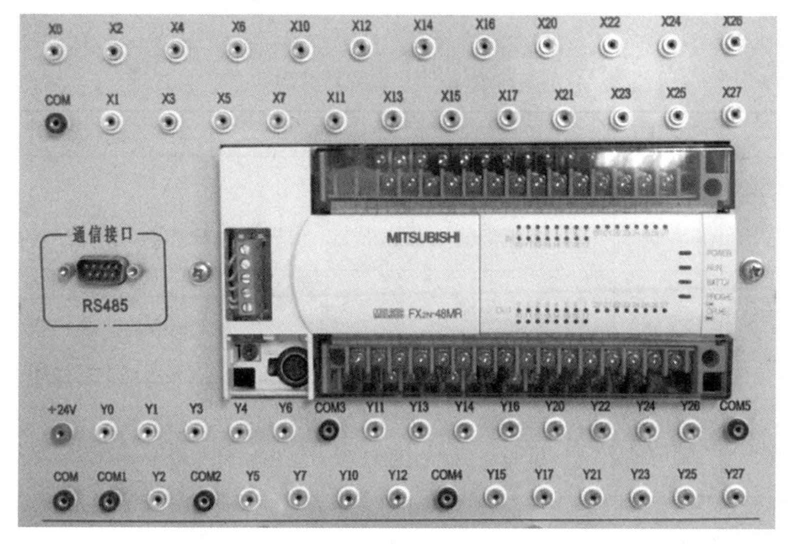

（c）

图 4－2　实物接线图

（4）我组的整体程序如下：

任务1：

任务2：

（5）我组整体调试情况：

六、评价反馈

（1）制作成果展示PPT，进行成果展示。

（2）完成自我评价表、小组评价表。

表4-2　自我评价表

项目内容	配分	评分标准	扣分	得分
1. 功能指令的掌握、使用情况	30分	（1）能正确理解功能指令 （2）能正确使用功能指令，出现一个偏差扣2~4分		
2. 状态流程图的绘制	20分	（1）不会绘制，每个扣5~10分 （2）不能达到要求，每处扣3~5分		
3. PLC程序输入并运行调试	30分	（1）能正确输入并调试，得满分 （2）操作失误或不能按要求运行，每处扣3~5分		

(续上表)

项目内容	配分	评分标准	扣分	得分
4. 安全、文明操作	20 分	(1) 违反操作规程，产生不安全因素，酌情扣 7 ~ 10 分 (2) 着装不规范，酌情扣 3 ~ 5 分 (3) 迟到、早退、工作场地不清洁，每次扣 1 ~ 2 分		
总评分 = (1 ~ 4 项总分) ×40%				

签名：__________　_______年_______月_______日

表 4 – 3　小组评价表

项目内容	配分	评分
1. 实训记录与自我评价情况	20 分	
2. 对实训室规章制度的学习与掌握情况	20 分	
3. 相互帮助与协作能力	20 分	
4. 安全、质量意识与责任心	20 分	
5. 能否主动参与整理工具、器材与清洁场地	20 分	
总评分 = (1 ~ 5 项总分) ×30%		

参加评价人员签名：__________　_______年_______月_______日

表 4 – 4　教师评价表

教师总体评价意见：	
教师评分 (30 分)	
总评分 = 自我评分 + 小组评分 + 教师评分	

教师签名：__________　_______年_______月_______日

(3) 自我总结：

七、模块拓展

（1）在模块 3 交通灯控制程序的基础上，加上 1 位数码管，倒计时显示数字，双向时间设在 10s 以内，试编程和搭建调试此电路（在图 4－3 中画出接线图）。

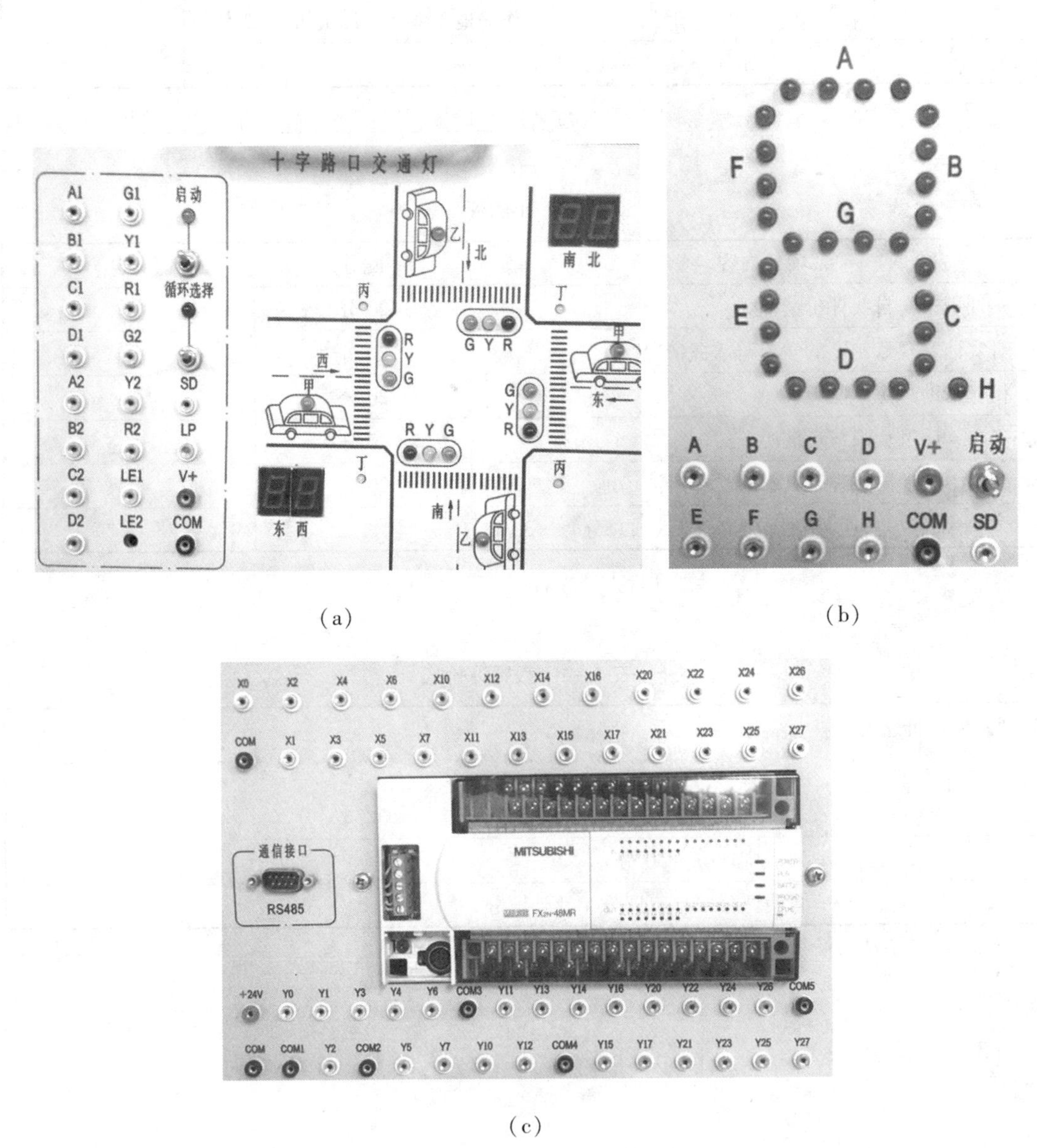

（a）　　　　（b）

（c）

图 4－3　带数码显示的交通灯实物接线图

（2）八路数字抢答器的搭建与调试。要求如下：设计 8 个抢答按钮、1 个复位按钮、1 个开始按钮，并有 8 个 LED 指示灯、1 位数码管显示；当主持人按开始时，哪个抢答器按钮先按下，相应的 LED 灯亮，并显示相应的数字，其他抢答按钮再按无效；当主持人按复位按钮时，LED 灯和数码管灭（在图 4－4 中画出接线图）。

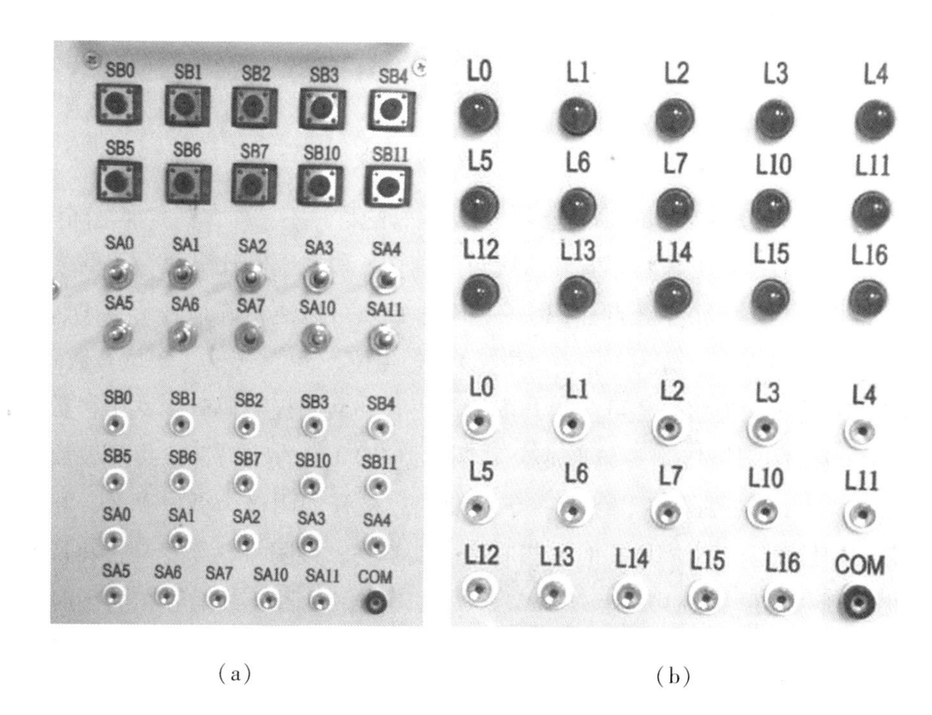

(a)　　　　(b)

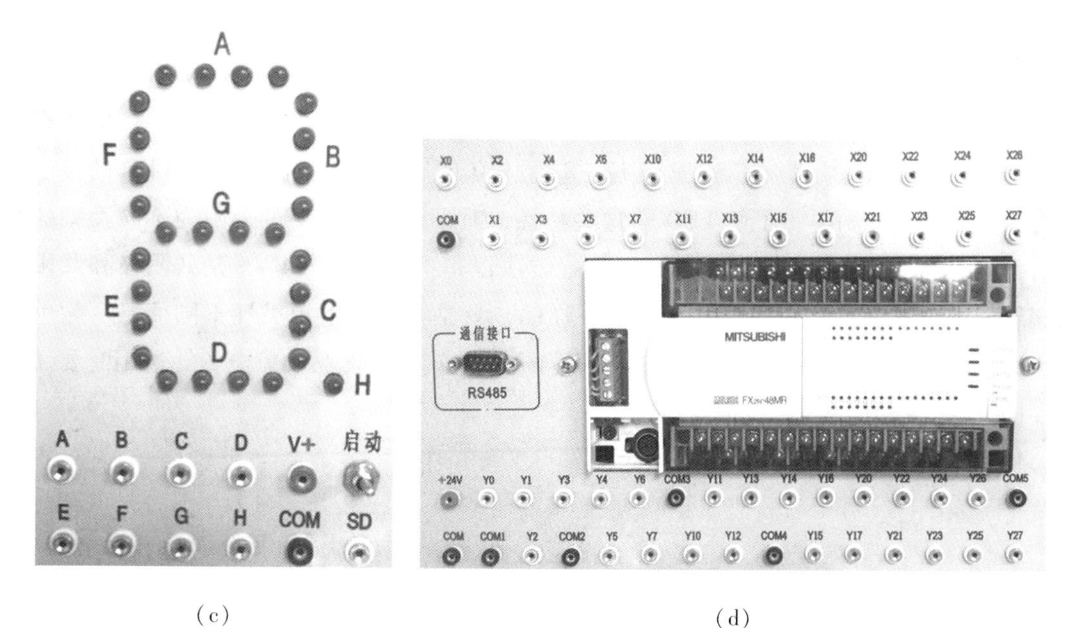

(c)　　　　(d)

图 4－4　八路数字抢答器实物接线图

任务 功能指令及其应用

一、数码管

数码管也称 LED 数码管，不同行业人士对数码管的称呼不一样，其实都是同样的产品。

数码管按段数可分为七段数码管和八段数码管，八段数码管比七段数码管多一个发光二极管单元，也就是多一个小数点（DP）。这个小数点可以更精确地表示数码管想要显示的内容，按能显示多少个可分为 1 位、2 位、3 位、4 位、5 位、6 位、7 位等数码管。

按发光二极管单元连接方式可分为共阳极数码管和共阴极数码管。共阳极数码管是指将所有发光二极管的阳极接到一起形成公共阳极（COM）的数码管，共阳极数码管在应用时应将公共极 COM 接到 +5V，当某一字段发光二极管的阴极为低电平时，相应字段就点亮，当某一字段的阴极为高电平时，相应字段就不亮。共阴极数码管是指将所有发光二极管的阴极接到一起形成公共阴极（COM）的数码管，共阴极数码管在应用时应将公共极 COM 接到地线 GND 上，当某一字段发光二极管的阳极为高电平时，相应字段就点亮，当某一字段的阳极为低电平时，相应字段就不亮。

LED 数码管（LED Segment Displays），是由多个发光二极管封装在一起组成“8”字形的器件，引线已在内部连接完成，只需引出它们的各个笔画与公共电极。LED 数码管常用段数一般为 7 段，有的另加一个小数点，还有一种是类似于 3 位“+1”型。位数有半位、1 位、2 位、3 位、4 位、5 位、6 位、8 位、10 位等，LED 数码管根据 LED 的接法不同分为共阴和共阳两类，了解 LED 的这些特性，对编程是很重要的，因为不同类型的数码管，除了它们的硬件电路有差异外，编程方法也是不同的。图 4－5 是共阴极和共阳极数码管的内部电路，它们的发光原理是一样的，只是它们的电源极性不同而已。颜色有红、绿、蓝、黄等几种。LED 数码管广泛用于仪表、时钟、车站、家电等。选用时要注意产品的尺寸、颜色、功耗、亮度、波长等。

1 位数码管示意图如图 4－5 所示：

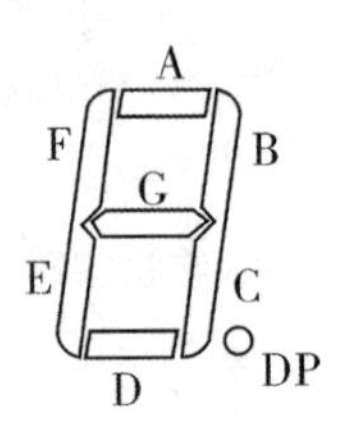

图 4－5　1 位数码管示意图

数码管要正常显示，就要用驱动电路来驱动数码管的各个段码，从而显示出我们要的数字，因此根据数码管的驱动方式的不同，可以分为静态显示和动态显示两类。

（1）静态显示驱动。

静态显示驱动也称直流驱动。静态显示驱动是指每个数码管的每一个段码都由 PLC 的一个输出点进行驱动，或者使用如 BCD 码二—十进制译码器译码进行驱动。静态显示驱动的优点是编程简单，显示亮度高。缺点是占用输出点多，如驱动 5 个数码管静态显示则需要 5×8＝40 个输出点来驱动，要知道一个 48MR 的 PLC，输出点才 24 个，实际应用时必须增加译码驱动器进行驱动，增加了硬件电路的复杂性。

（2）动态显示驱动。

数码管动态显示接口是单片机或 PLC 中应用最为广泛的一种显示方式，动态驱动是将所有数码管的 8 个显示笔画“a，b，c，d，e，f，g，dp”的同名端连在一起，另外为每个数码管的公共极 COM 增加位选通控制电路，位选通由各自独立的 I/O 线控制，当单片机或 PLC 输出字形码时，所有数码管都接收到相同的字形码，但究竟是哪个数码管会显示出字形，取决于单片机或 PLC 对位选通 COM 端电路的控制，所以我们只要将需要显示的数码管的选通控制打开，该位就显示出字形，没有选通的数码管就不会亮。通过分时轮流控制各个数码管的 COM 端，就使各个数码管轮流受控显示，这就是动态驱动。在轮流显示过程中，每位数码管的点亮时间为 1～2ms，由于人的视觉暂留现象及发光二极管的余晖效应，尽管实际上各位数码管并非同时点亮，但只要扫描的速度足够快，给人的印象就是一组稳定的显示数据，不会有闪烁感，动态显示的效果和静态显示是一样的，能够节省大量的 I/O 端口，而且功耗更低。

二、功能指令介绍

1. 功能指令的表示格式

功能指令表示格式与基本指令不同。功能指令用编号 FNC00～FNC294 表示，并给出对应的助记符（大多用英文名称或缩写表示）。例如，FNC45 的助记符是 MEAN（平均），使用简易编程器时键入 FNC45，采用智能编程器或在计算机上编程时也可键入助记符 MEAN。

有的功能指令没有操作数，而大多数功能指令有 1～4 个操作数。如图 4－6 所示为一个计算平均值指令，它有三个操作数，［S］表示源操作数，［D］表示目标操作数，如果使用变址功能，则可表示为［S.］和［D.］。当源或目标不止一个时，用［S1.］［S2.］［D1.］［D2.］表示。用 n 和 m 表示其他操作数，它们常用来表示常数 K 和 H，或作为源和目标操作数的补充说明，当这样的操作数多时可用 n1、n2 和 m1、m2 等来表示。

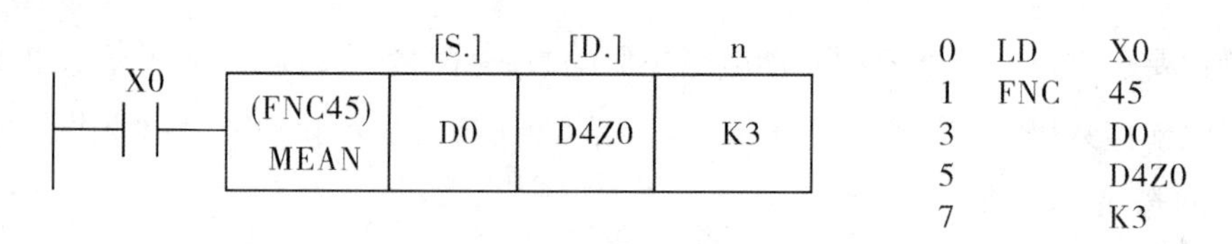

图 4－6　功能指令表示格式

图 4－6 中源操作数为 D0、D1、D2，目标操作数为 D4Z0（Z0 为变址寄存器），K3 表示有 3 个数，当 X0 接通时，执行的操作为［（D0）＋（D1）＋（D2）］÷3→（D4Z0），如果 Z0 的内容为 20，则运算结果送入 D24 中。

功能指令的指令段通常占 1 个程序步，16 位操作数占 2 步，32 位操作数占 4 步。

2. 连续执行与脉冲执行

功能指令有连续执行和脉冲执行两种类型。如图 4－7 所示，指令助记符 MOV 后面有“P”表示脉冲执行，即该指令仅在 X1 接通（由 OFF 到 ON）时执行（将 D10 中的数据送到 D12 中）一次；如果没有“P”则表示连续执行，即该在 X1 接通（ON）的每一个扫描周期指令都要被执行。

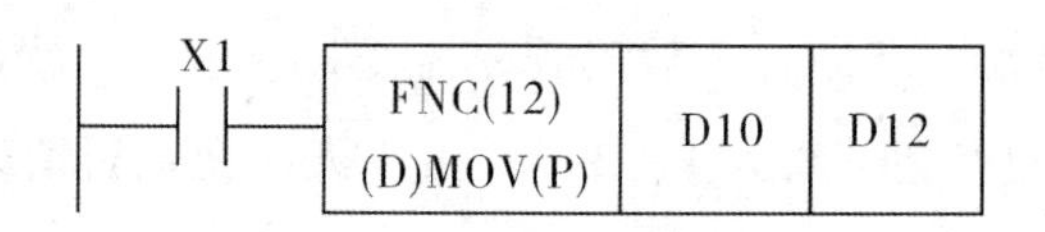

图 4－7　功能指令的执行方式与数据长度的表示

3. 数据长度

功能指令可处理 16 位数据或 32 位数据。处理 32 位数据的指令是在助记符前加“D”标志，无此标志即为处理 16 位数据的指令。注意 32 位计数器（C200～C255）的一个软元件为 32 位，不可作为处理 16 位数据指令的操作数使用。如图 4－7 所示，若 MOV 指令前面带“D”，则当 X1 接通时，执行 D11D10→D13D12（32 位）。在使用 32 位数据时建议使用首编号为偶数的操作数，不容易出错。

4. 位元件与字元件

像 X、Y、M、S 等只处理 ON/OFF 信息的软元件称为位元件；而像 T、C、D 等处理数值的软元件则称为字元件，一个字元件由 16 位二进制数组成。

位元件可以通过组合使用，4 个位元件为一个单元，通用表示方法是由 Kn 加起始的软元件号组成，n 为单元数。例如，K2M0 表示 M0～M7 组成两个位元件组（K2 表示 2 个单元），它是一个 8 位数据，M0 为最低位。如果将 16 位数据传送到不足 16 位的位元件组合（n<4）时，只传送低位数据，多出的高位数据不传送，32 位数据传送也一样。在作

16 位数操作时，参与操作的位元件不足 16 位时，高位的不足部分均作 0 处理，这意味着只能处理正数（符号位为 0），在作 32 位数处理时也一样。被组合的元件首位元件可以任意选择，但为避免混乱，建议采用编号以 0 结尾的元件，如 S10、X0、X20 等。

5. 数据格式

在 FX_{2N} 系列 PLC 内部，数据是以二进制（BIN）补码的形式存储，所有的四则运算都使用二进制数。二进制补码的最高位为符号位，正数的符号位为 0，负数的符号位为 1。FX_{2N} 系列 PLC 可实现二进制码与 BCD 码的相互转换。

为更精确地进行运算，可采用浮点数运算。在 FX_{2N} 系列 PLC 中提供了二进制浮点运算和十进制浮点运算，设有将二进制浮点数与十进制浮点数相互转换的指令。二进制浮点数采用编号连续的一对数据寄存器表示，例如，D11 和 D10 组成的 32 位寄存器中，D10 的 16 位加上 D11 的低 7 位共 23 位为浮点数的尾数，而 D11 中除最高位的前 8 位是阶位，最高位是尾数的符号位（0 为正，1 是负）。十进制的浮点数也用一对数据寄存器表示，编号小数据寄存器为尾数段，编号大的为指数段。例如，使用数据寄存器（D1，D0）时，表示数为：

十进制浮点数 = ［尾数 D0］ $\times 10^{[指数D1]}$

其中：D0、D1 的最高位是正负符号位。

三、传送指令 MOV

MOV 指令将源操作数的数据传送到目标元件中，即［S.］→［D.］。MOV 指令的使用说明如图 4－8 所示。当 X0 为 ON 时，源操作数［S.］中的数据 K100 传送到目标元件 D10 中。当 X0 为 OFF 时，指令不执行，数据保持不变。

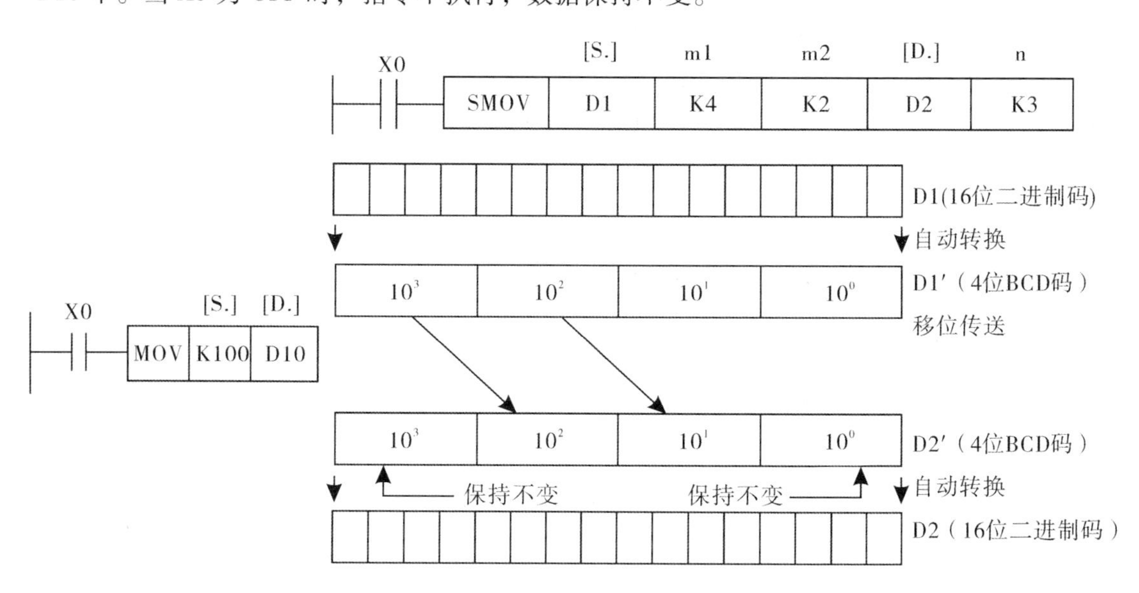

图 4－8　MOV 指令使用说明

四、算术运算和逻辑指令

1. 加法指令 ADD、减法指令 SUB

ADD 指令是将指定的源元件中的二进制数相加，然后把结果送到指定的目标元件中去。每个数据的最高位作为符号位（0 为正，1 为负），运算是二进制代数运算。加法指令示例如图 4－9（a）所示。

减法指令 SUB 与 ADD 指令类似。

2. 乘法指令 MUL、除法指令 DIV

MUL 指令是将两个源元件中的数据的乘积送到指定目标元件。如果为 16 位数乘法，则乘积为 32 位，如果为 32 位数乘法，则乘积为 64 位，如图 4－9（b）所示。数据的最高位是符号位。

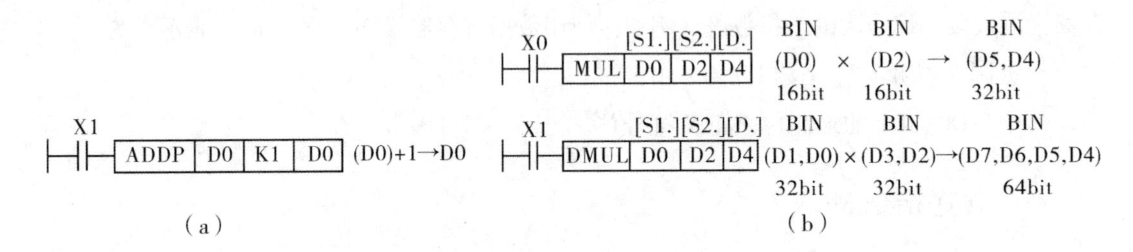

图 4－9　加法、乘法指令示例

3. 加 1 指令 INC、减 1 指令 DEC

INC、DEC 指令操作数只有一个，且不影响零标志、借位标志和进位标志。

在 16 位运算中，32 767 再加 1 就变成了 －32 768。32 位运算时，2 147 483 647 再加 1 就变成 －2 147 483 648。DEC 指令与 INC 指令处理方法类似。

4. 字逻辑运算指令（FNC26 ~ FNC29）

字逻辑运算指令包括 WAND（字逻辑与）、WOR（字逻辑或）、WXOR（字逻辑异或）和 NEG（求补）指令。使用方法如图 4－10 所示。

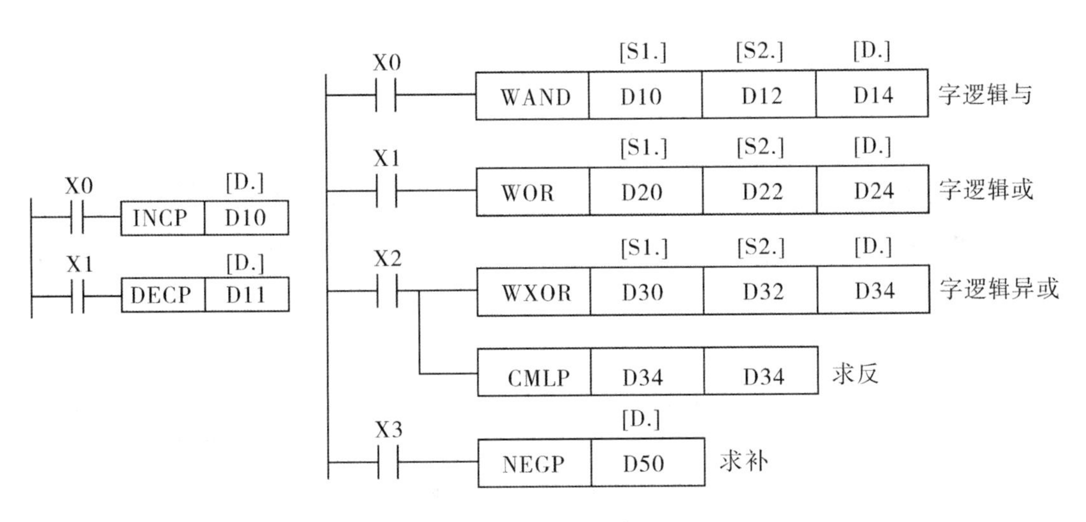

图4-10　字逻辑运算指令使用方法

5. 循环移位与移位指令

（1）右循环移位指令ROR、左循环移位指令ROL。

表4-5　循环指令使用说明

助记符	功能	操作数		程序步
		［D.］	n	
ROR FNC30 循环右移	把目标元件的位循环右移n次	KnY、KnM、KnS、T、C、D、V、Z	K、H 16位操作：n≤16 32位操作：n≤32	ROR、RORP、ROL、ROLP：5步 DROR、DRORP、DROL、DROLP：9步
ROL FNC31 循环左移	把目标元件的位循环左移n次			

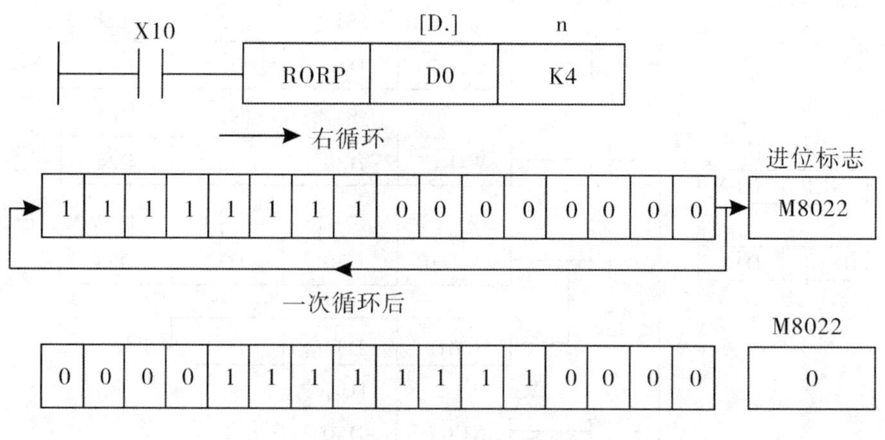

图 4－11　循环指令示例

（2）带进位循环右移指令 RCR、带进位循环左移指令 RCL。

表 4－6　带进位循环指令使用说明

<table>
<tr><th rowspan="2">助记符</th><th rowspan="2">功能</th><th colspan="2">操作数</th><th rowspan="2">程序步</th></tr>
<tr><th>[D.]</th><th>n</th></tr>
<tr><td>RCR FNC32 带进位右移</td><td>把目标元件的位和进位一起右移 n 位</td><td rowspan="2">KnY、KnM、KnS、T、C、D、V、Z</td><td rowspan="2">K、H
16 位操作：n≤16
32 位操作：n≤32</td><td rowspan="2">RCR、RCRP、RCL、RCLP：5 步
DRCR、DRCRP、DRCL、DRCLP：9 步</td></tr>
<tr><td>RCL FNC33 带进位左移</td><td>把目标元件的位和进位一起左移 n 位</td></tr>
</table>

执行 RCR、RCL 指令时，各位的数据与进位标志 M8022 一起（16 位指令时一共 17 位）向右（或向左）循环移动 n 位。在循环中移出的位送入进位标志，后者又被送回到目标操作元件的另一端。

（3）位右移指令 SFTR、位左移指令 SFTL。

表 4－7　位左移、位右移指令使用说明

助记符	功能	操作数				程序步
		[S.]	[D.]	n1	n2	
SFTR FNC34 带进位右移	把源元件状态存放到堆栈中，堆栈右移	X Y M S	Y M S	K、H n2≤n1≤1 024		SFTR、SFTRP、SFTL、SFTLP：9 步
SFTL FNC35 带进位左移	把源元件状态存放到堆栈中，堆栈左移					

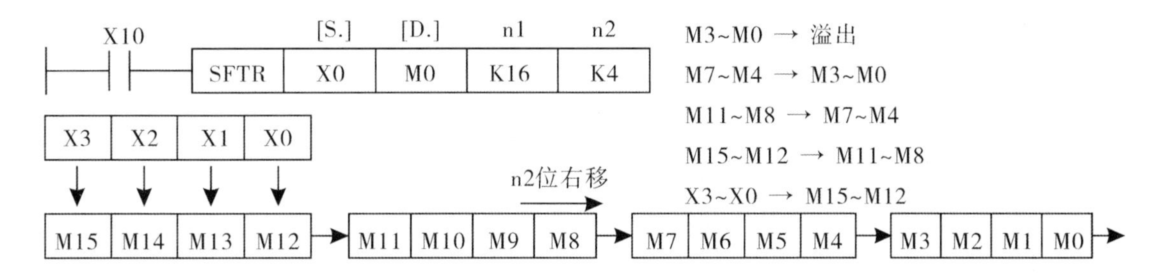

图 4－12　位左移、位右移指令示例

（4）字右移指令 WSFR、字左移指令 WSFL。

表 4－8　字左移、字右移指令使用说明

助记符	功能	操作数				程序步
		[S.]	[D.]	n1	n2	
WSFR FNC36 字右移	把源元件状态存放到字栈中，堆栈右移	KnX、KnY、KnM、KnS、T、C、D	KnY、KnM、KnS、T、C、D	K、H n2≤n1≤512		WSFR、WSFRP、WSFL、WSFLP：9 步
WSFL FNC37 字左移	把源元件状态存放到字栈中，堆栈左移					

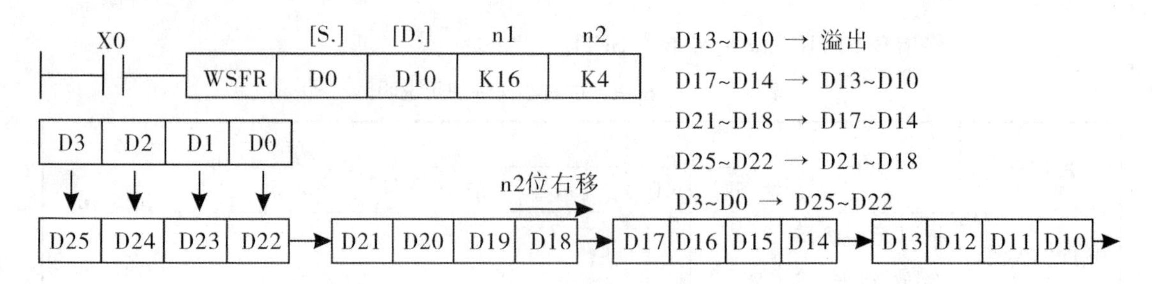

图 4-13 字左移、字右移指令示例

五、组合元件

在三菱 PLC 中，位元件 X、Y、M、S 只有 0、1 两种状态，字元件是以 16 位寄存器为存储的处理数据的软元件，是由 8 位字元件组成的。如果把这些位元件组合起来也就会组成一个字，那这些组合位元件怎么使用?

使用规则：Kn + 组件的起始地址，n 表示组数，一组有四个位元件。常用的有 KnX、KnY、KnM、KnS。

例如，K1X0 表示 1 组 4 位 X 组成位元件 X3 ~ X0。

K2X0 表示 2 组 8 位 X 组成位元件 X7 ~ X0。

K3M0 表示 3 组 12 位 M 组成位元件 M11 ~ M0。

K3X0 表示 3 组 12 位 X 组成位元件 X13 ~ X10，X7 ~ X0。注：X、Y 是八进制位元件，M、S 是十进制位元件。

组合位元件在编程中，带来很多方便。例如 MOV K2X0 K2Y0，功能是把从 X0 ~ X7 的状态传送到 Y0 ~ Y7 里。

六、数码管显示指令 SEGD

七段译码指令 SEGD。

表 4-9 译码指令使用说明

助记符	功能	操作数		程序步
		[S.]	[D.]	
SEG DFNC73 七段译码	十六进制数译为七段显示代码	K、H、KnX、KnY、KnM、KnS、T、C、D、V、Z 使用低 4 位	KnY、KnM、KnS、T、C、D、V、Z 高 8 位保持不变	SEGD、SEGDP：5 步

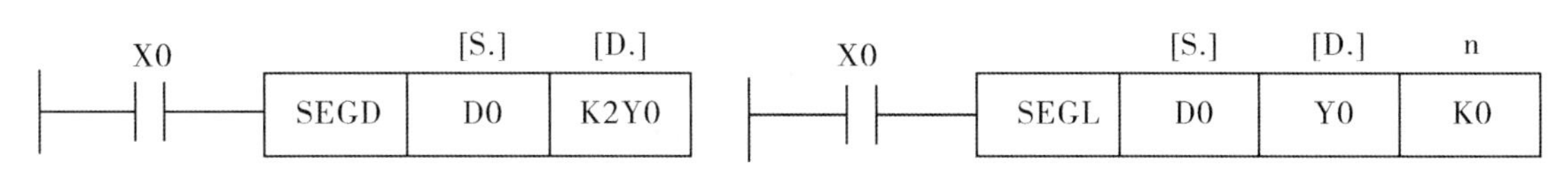

图4－14 译码指令示例

七、比较指令

1. 比较指令 CMP

CMP 指令有三个操作数：两个源操作数［S1.］和［S2.］，一个目标操作数［D.］，该指令将［S1.］和［S2.］进行比较，结果送到［D.］中。CMP 指令使用说明如图4－15所示。

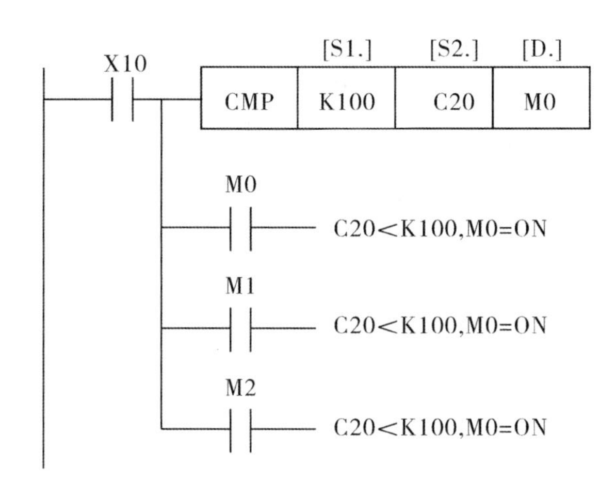

图4－15 比较指令使用说明

2. 区间比较指令 ZCP

ZCP 指令是将一个操作数［S.］与两个操作数［S1.］和［S2.］形成的区间比较，且［S1.］不得大于［S2.］，结果送到［D.］中。ZCP 指令使用说明如图4－16所示。

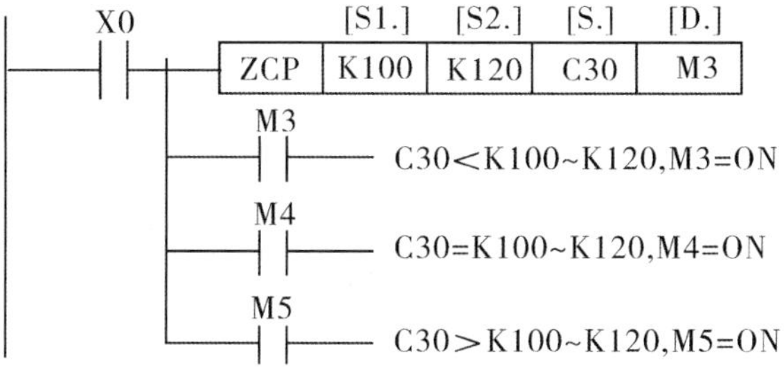

图4－16 区间比较指令使用说明

八、程序流程控制指令

表4-10　程序流程控制指令

分类	FNC NO.	助记符	功能	32位指令	脉冲指令	FX_{1S}	FX_{1N}	FX_{2N}	FX_{2NC}
程序流程控制	00	CJ	条件跳转	—	○	○	○	○	○
	01	CALL	子程序调用	—	○	○	○	○	○
	02	SRET	子程序返回	—	—	○	○	○	○
	03	IRET	中断返回	—	—	○	○	○	○
	04	EI	允许中断	—	—	○	○	○	○
	05	DI	禁止中断	—	—	○	○	○	○
	06	FEND	主程序结束	—	—	○	○	○	○
	07	WDT	监控定时器刷新	—	○	○	○	○	○
	08	FOR	循环开始	—	—	○	○	○	○
	09	NEXT	循环结束	—	—	○	○	○	○

1. CJ、CJP 指令

用于跳过顺序程序某一部分的场合，以减少扫描时间。条件跳转指令 CJ 应用说明如图4-17所示：

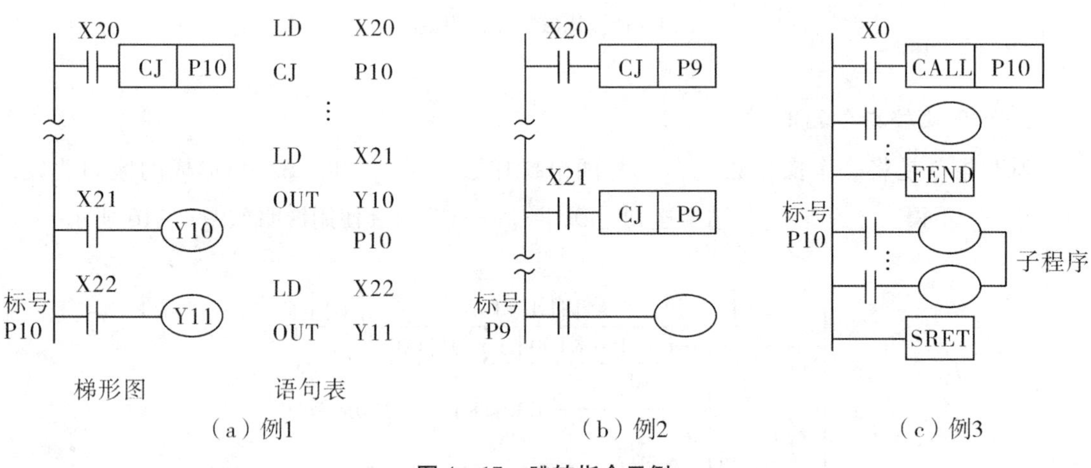

图4-17　跳转指令示例

2. 子程序调用指令 CALL 与返回指令 SRET

子程序应写在主程序之后，即子程序的标号应写在指令 FEND 之后，且子程序必须以

SRET 指令结束。

3. 中断返回指令 IRET、允许中断指令 EI 与禁止中断指令 DI

PLC 一般处在禁止中断状态。指令 EI ~ DI 的程序段为允许中断区间，而 DI ~ EI 为禁止中断区间。当程序执行到允许中断区间并且出现中断请求信号时，PLC 停止执行主程序，去执行相应的中断子程序，遇到中断返回指令 IRET 时返回断点处继续执行主程序。

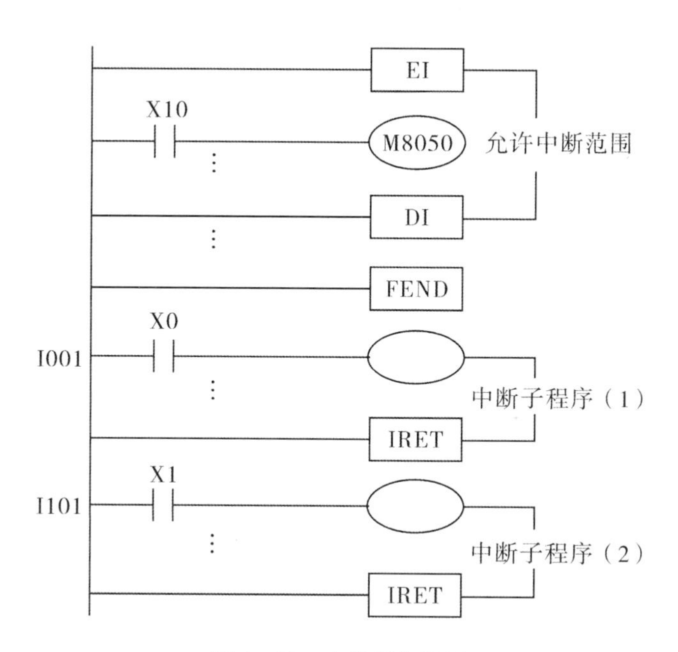

图 4-18 中断指令示例

FEND 指令表示主程序的结束及子程序的开始。程序执行到 FEND 指令时，进行输出处理、输入处理、监视定时器刷新，完成后返回第 0 步。

FEND 指令通常与 CJ-P-FEND、CALL-P-SRET 和 I-IRET 结构一起使用（P 表示程序指针、I 表示中断指针）。CALL 指令的指针及子程序、中断指针及中断子程序都应放在 FEND 指令之后。CALL 指令调用的子程序必须以子程序返回指令 SRET 结束。中断子程序必须以中断返回指令 IRET 结束。

如果扫描时间（从第 0 步到 END 或 FEND）超过 100ms，PLC 将停止运行。在这种情况之下，应将 WDT 指令插到合适的程序步（扫描时间不超过 100ms）中刷新监视定时器。

FOR ~ NEXT 之间的程序重复执行 n 次（由操作数指定）后再执行 NEXT 指令后的程序。循环次数 n 的范围为 1 ~ 32 767。若 n 的取值范围为 -32 767 ~ 0，循环次数作 1 处理。

FOR 与 NEXT 总是成对出现，且应 FOR 在前，NEXT 在后。FOR ~ NEXT 循环指令最多可以嵌套 5 层。

利用 CJ 指令可以跳出 FOR ~ NEXT 循环体。

模块小结

本模块以任务的形式介绍了数码管、组合元件、常用功能指令在程序设计时的基本使用方法。在程序设计时，要以简单、方便为原则，正确选用合适的功能指令；使用功能指令要仔细阅读注意事项，注意功能指令的使用条件、源操作数和目的操作数的选择范围，以及相关的特殊辅助继电器、寄存器的变化，特别应注意有的功能指令在同一程序中只能使用一次；功能指令的操作数为组合位元件时，同一程序中使用位元件时，应注意避开，以免出错。

参考文献

［1］周惠文．可编程控制器原理与应用［M］．北京：电子工业出版社，2007.

［2］曹菁．三菱 PLC、触摸屏和变频器应用技术［M］．北京：机械工业出版社，2010.

［3］阮友德．任务引领型 PLC 应用技术教程［M］．北京：机械工业出版社，2013.

［4］刘建华，刘静之．三菱 FX_{2N} 系统 PLC 应用技术［M］．北京：机械工业出版社，2010.

［5］李全利．PLC 运动控制技术应用设计与实践：三菱［M］．北京：机械工业出版社，2010.

［6］张运刚，宋小春，郭武强．从入门到精通——三菱 FX_{2N} PLC 技术与应用［M］．北京：人民邮电出版社，2007.

［7］肖明耀．可编程控制技术［M］．北京：中国劳动社会保障出版社，2004.

［8］钟肇新，范建东．可编程控制器原理及应用：西门子系列［M］．广州：华南理工大学出版社，2003.

［9］李道霖．电气控制与 PLC 原理及应用：西门子系列［M］．北京：电子工业出版社，2004.

［10］吴晓君，杨向明．电气控制与可编程控制器应用［M］．北京：中国建材工业出版社，2004.